“十三五”高等职业教育计算机类专业规划教材

Ajax 与 jQuery 程序设计

程永恒　主　编
李　唯　胡　双　副主编
王路群　主　审

中国铁道出版社有限公司
CHINA RAILWAY PUBLISHING HOUSE CO., LTD.

内 容 简 介

关于 Ajax 和 jQuery 的基本概念介绍和技术讲解的书籍在市场上有很多，但这些书籍只是关于一些知识点的讲解，没有全面地总结 Ajax 的应用场景和代码实现，也没有关于两者结合的案例。本书将 Ajax 和 jQuery 两者结合起来，既有知识点的介绍，也有实际的案例，使读者通过学习具体环境下每个实例的代码实现掌握知识与技能。

本书前 3 章为 Ajax 技术介绍及实际案例，每个案例都有详细讲解及代码。第 4 章为 jQuery 库详解，第 5 章为 jQuery 中 Ajax 的应用，第 6 章介绍了 jQuery UI 的应用。第 7 章为基本 jQuery 的应用：电子相册系统，组合了前面多个知识点的内容，为读者提供完整的项目参考。

本书使用大量案例覆盖 Ajax 技术应用的典型场景，案例介绍明晰，代码注释清楚，并使用完整的流程图表示调用关系，在小结中指明实例可扩展改进的部分。jQuery 的介绍与使用更是符合当前的潮流，使前端开发变得更加简捷与高效。

本书适合作为高等职业院校计算机专业 Ajax 和 jQuery 课程的教材，也可作为 Web 网站开发人员、JSP 和 Java 程序员，以及广大 Ajax 技术应用爱好者的参考用书。

图书在版编目（CIP）数据

Ajax 与 jQuery 程序设计/程永恒主编. —北京：中国铁道出版社，2017.10（2023.9重印）
“十三五”高等职业教育计算机类专业规划教材
ISBN 978-7-113-23434-8

Ⅰ.①A… Ⅱ.①程… Ⅲ.①网页制作工具-高等职业教育-教材②JAVA 语言-程序设计-高等职业教育-教材
Ⅳ.①TP393.092②TP312.8

中国版本图书馆 CIP 数据核字（2017）第 168698 号

书　　名：Ajax 与 jQuery 程序设计
作　　者：程永恒

策　　划：翟玉峰　　　　编辑部电话：（010）83517321
责任编辑：翟玉峰　徐盼欣
封面设计：刘　颖
责任校对：张玉华
责任印制：樊启鹏

出版发行：中国铁道出版社有限公司（100054，北京市西城区右安门西街 8 号）
网　　址：http://www.tdpress.com/51eds/
印　　刷：北京铭成印刷有限公司
版　　次：2017 年 10 月第 1 版　2023 年 9 月第 6 次印刷
开　　本：787mm×1092mm　1/16　**印张：**15.5　**字数：**374 千
印　　数：6 501 ～ 7 000册
书　　号：ISBN 978-7-113-23434-8
定　　价：38.00 元

FORWORD

前言

无论采用哪种开发平台，只要开发B/S结构的应用，Ajax都是不容回避的。从某种角度来看，Ajax比Java的应用更为广泛，后台语言除了可以选择Java之外，还可以选择PHP或C#等。

Ajax技术于2005年2月正式提出。它综合运用了JavaScript、XHTML、CSS、DOM、XML、XSTL和XMLHttpRequest等技术，为用户提供了页面无刷新的动态数据交换。Ajax所包含的技术都比较成熟。Ajax将这些技术组合在一起，为开发具有良好交互的新一代Web程序奠定了基础。

随着Ajax技术在Google、Blog系统等产品中的广泛应用，它受到了越来越多的关注。Ajax技术还催生了大量的网页游戏。网页游戏具有无须下载和安装、即开即玩、简单便捷等特征，因此具有很好的市场前景。

本书首先介绍了Ajax的基本概念和技术，并且精选了一些Ajax应用的经典应用，详细地介绍了在具体环境下每个实例的技术要点、核心思想和代码实现。即使用户没有Ajax基础，也能通过动手实现每个实例，从而了解并掌握Ajax的本质思想。

由于Ajax技术是Web开发的一个热点，因此出现了很多Ajax相关框架，如jQuery、ExtJS、Prototype、DWR、Dojo、YUI等。本书主要介绍了当今最主流的JavaScript框架——jQuery。jQuery基本上已成为行业规范，凭借其简洁的语法让开发者轻松地实现很多以往需要大量JavaScript开发才能实现的功能和特效，并对CSS、DOM、Ajax等各种标准Web技术提供了许多实用而简单的方法，同时很好地解决了浏览器之间的兼容问题。

本书以实际一线应用的技术为主，强化Web前端工程师所需要掌握的技能，提升动手能力，是一本应用当前流行前端技术实现客户端特效的实用教材；以实例为核心选择和组织专业知识体系，按照工作过程设计学习情境，是一本体现工学结合思想的教材。与其他同类教材相比，本书具有以下特点：

- 突出实际动手能力的培养。本书按照工学结合的思路编写，精心设计各教学环节，让读者在反复动手实践中学会应用所学知识解决实际问题。
- 教学内容可根据案例来确定。选取的教学内容都是Web开发常用到的模块，可以将其灵活地嵌入各个实际开发项目中，可作为大型网站建设的基础。
- 内容由浅入深，并辅以大量的实例说明，实用性较强。
- 充分考虑学生的认知规律，化解知识难点。

本书编者中既有高校教学经验丰富的“双师型教师”，又有企业一线工程师。本书由武汉软件工程职业学院程永恒任主编，李唯、胡双任副主编，王路群教授任主审。其中，第1～3章由程永恒编写，第4～6章由胡双编写，第7章由李唯编写。参与本书编写工作的还有武汉软件工程职业学院鲁娟、夏敏以及一些企业人员。对在编写过程中提供了帮助和支持的同事和朋友，在此表示衷心的感谢。本书得到了来自湖北省教育科学规划2015年度重点课题（2015GA076）的资助，同时本书也是该课题的阶段性研究成果。

由于编者水平有限，书中不妥或疏漏之处在所难免，恳请广大读者批评指正。

编　者

2017年6月

CONTENTS

目 录

第1章 Ajax概述

学习目标

了解：Ajax 编程的技术难点和传统 Web 应用的对比。
理解：体验 Ajax 聊天室的便捷。
掌握：Ajax 的基本特征和 Ajax 技术的优势及其带来的改变。

1.1 Web 2.0 时代的 Web 开发

传统的 Web 应用经过多年的发展，在很多方面都是相当完善的。特别是 JavaEE、.NET、Ruby on Rails 等平台的出现，更加规范了 Web 应用的开发。Ajax 给浏览者一种全新的体验：浏览者可以无须等待服务器响应，而多次以异步方式向服务器发送请求。这种体验方式类似于传统的桌面应用。Ajax 的出现，让人不得不重新思考传统的 Web 应用。Ajax 并不是要颠覆传统的 B/S（浏览器/服务器）结构的应用，而是要让 B/S 结构的应用更加完善。

1.1.1 应用系统的发展

早期应用软件系统大都采用 C/S（客户机/服务器）结构，C/S 结构的软件分为客户机和服务器两层。客户机不是毫无运算能力的输入/输出设备，在客户端需要部署大量的应用程序，而且可能还具有一定的数据存储能力。

C/S 结构应用的服务器端通常主要安装数据库管理系统，也可能包含一些业务逻辑实现（这些业务逻辑实现通常以函数、存储过程和触发器的形式存在）。通过把软件系统的计算和数据合理地分配在客户机和服务器两端，可以有效地降低网络通信量和服务器运算量。

C/S 结构应用的结构图如图 1-1 所示。

对于 C/S 结构的应用而言，因为可以直接在客户端部署应用程序，所以可以让应用的人机交互界面更加友好，并可充分美化应用程序的人机界面。但由于服务器连接个数和数据通信量的限制，这种结构的软件适用于用户数据不多的局域网内。早期的大部分 ERP 软件产品即属于此类结构。

随着 Internet 技术的兴起，B/S 结构得到了大规模的应用。B/S 结构是对 C/S 结构的一种改进。在这种结构下，应用的业务逻辑完全在应用服务器端实现，用户表现完全在 Web 服务器上实现，客户端只需要浏览器即可进行业务处理。B/S 结构是当今应用软件的首选体系结构。

在这种应用结构下，客户端的所有处理请求都以 HTTP 请求的形式发送，而服务器端则将响应以 HTML 页面的形式送回客户端，由客户端浏览器负责显示 HTML 页面。B/S 结构应用的结构图如图 1-2 所示。

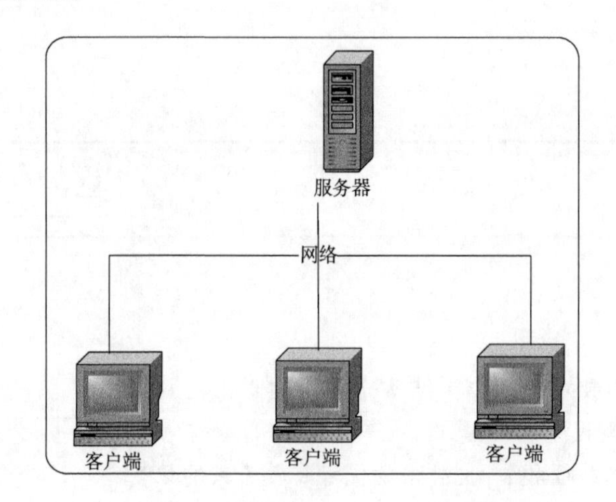

图 1-1 C/S 结构应用的结构图

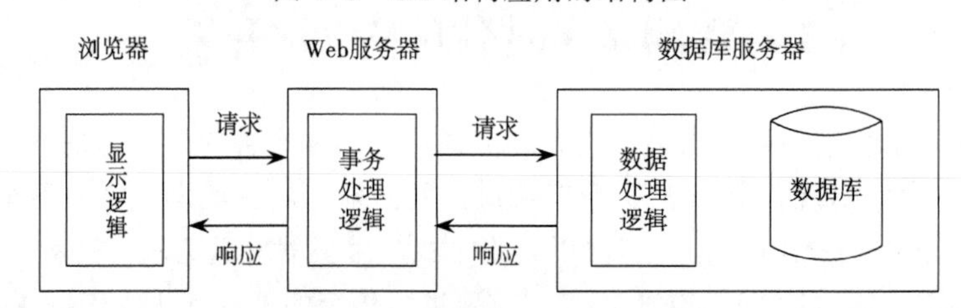

图 1-2 B/S 结构应用的结构图

在大部分情况下，B/S 结构的应用比 C/S 结构的应用更加优秀，适应性更广。相对而言，B/S 结构的系统具有如下优势。

（1）数据安全性高。由于 C/S 结构软件的数据分布特性，客户端所发生的火灾、盗抢、地震、病毒、黑客等都成了可怕的数据杀手。另外，对于集团级的异地软件应用，C/S 结构的软件必须在各地安装多个服务器，并在多个服务器之间进行数据同步。如此一来，每个数据点上的数据安全都会影响整个应用的数据安全。所以，对于集团级的大型应用来讲，C/S 结构软件的安全性是令人无法接受的。对于 B/S 结构的软件来讲，由于其数据集中存放于总部的数据库服务器，客户端不保存任何业务数据和数据库连接信息，也无须进行数据同步，所以这些安全问题自然也就不存在了。

（2）数据一致性好。在 C/S 结构软件的解决方案里，对于异地经营的大型集团都采用各地安装区域级服务器，然后再进行数据同步的模式。这些服务器每天必须同步完毕之后，总部才可得到最终的数据。由于局部网络故障造成个别数据库不能同步不说，即使同步上来，各服务器也不是一个时点上的数据，数据永远无法一致，不能用于决策。对于 B/S 结构的软件来讲，其数据是集中存放的，客户端发生的每一笔业务单据都直接进入到中央数据库，不存在数据一致性的问题。

（3）数据实时性好。在集团级应用里，C/S 结构不可能随时随地看到当前业务的发生情况，看到的都是事后数据；而 B/S 结构则不同，它可以实时看到当前发生的所有业务，方便了快速决策，有效地避免了企业损失。

（4）数据溯源性好。由于 B/S 结构的数据是集中存放的，所以总公司可以直接追溯到各级分支机构（分公司、门店）的原始业务单据，也就是说看到的结果可溯源。大部分 C/S 结构的软件则不同，为了减少数据通信量，仅仅上传中间报表数据，在总部不可能查到各分支机构（分公司、门店）的原始单据。

（5）服务响应及时。企业的业务流程、业务模式不是一成不变的，随着企业不断发展，必然会不断调整。软件供应商提供的软件也不是完美无缺的，所以，对已经部署的软件产品进行维护、升级是正常的。由于 C/S 结构的软件应用是分布的，需要对每一个使用节点进行程序安装，所以，即使非常小的程序缺陷都需要很长的重新部署时间，重新部署时，为了保证各程序版本的一致性，必须暂停一切业务进行更新（即“休克更新”），其服务响应时间基本不可忍受。而 B/S 结构的软件不同，其应用都集中于总部服务器上，各应用结点并没有任何程序，一个地方更新则全部应用程序更新，可以做到快速服务响应。

（6）网络应用不受限制。C/S 结构软件仅适用于局域网内部用户或宽带用户（1 Mbit/s 以上）；而 B/S 结构软件可以适用于任何网络结构（包括 33.6 kbit/s 拨号入网方式），特别适于宽带不能到达的地方。

（7）存储模式更好。B/S 结构相应数据完全来自于后台数据库，而 C/S 结构部分数据来源于存储在本地的临时文件，剩余的部分来源于数据库，因此 C/S 结构响应时间会更快。

1.1.2　传统 Web 应用的缺点

B/S 结构虽然是一种非常优秀的结构，但传统的 B/S 结构中的 Web 应用依然存在如下缺点。

（1）独占式的请求。例如，一个任务需要多步骤或多选项才能完成。在 HTML 里，一个多步骤的任务可以在单页内表达出来。但是，由于 HTML 的互动性有限，可能会产生一个很长的页面，使用户感到混乱、笨拙而难以使用；或者将多个步骤分成几个页面分别提交。传统的独占式的请求是：如果前一个请求没有得到完全响应，则后一个请求不能发送。用户在等待服务器的响应期间，浏览器一片空白。这种独占式请求如图 1-3 所示。

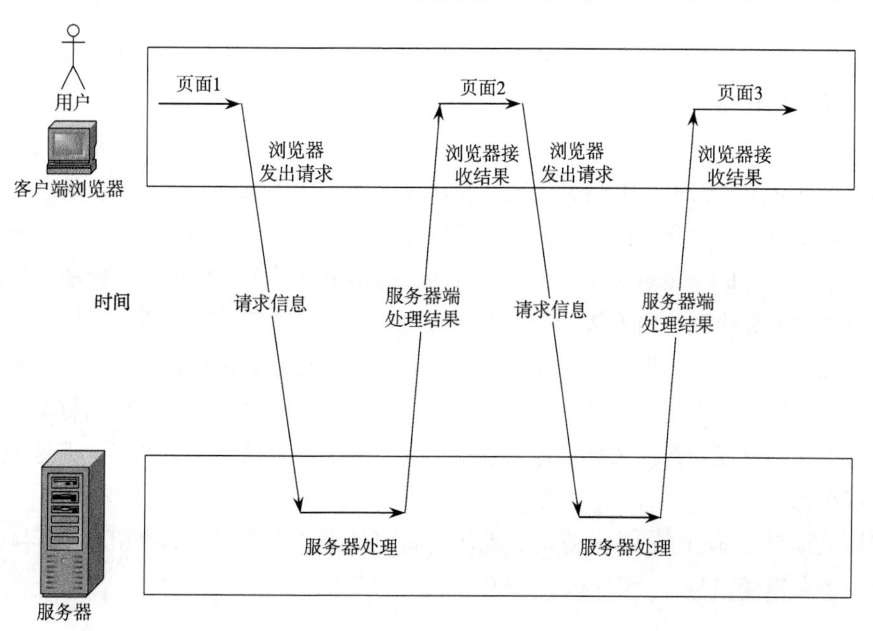

图 1-3　独占式请求的示意图

（2）频繁的页面刷新。传统的 Web 应用基本上采用请求-页面的对应模式，每个请求都需要丢弃当前页面并重新加载新页面。频繁的页面刷新不仅让客户处于不连续的体验中，也使服务器的负担加重。

（3）无法承载优质页面。传统的 Web 应用需要频繁刷新页面，因而不可能制作出具有丰富表现功能的页面。表现丰富的页面会导致页面文件大，下载速度慢，而且也不能频繁刷新。一个表现丰富的页面下载需要相当多的时间，如果有请求的提交，又需要重新下载新页面，导致系统开销相当大。因而传统 Web 应用的页面不可能具有丰富的表现功能。

Ajax 技术并没有提倡一种全新的应用开发结构，它并不是要取代传统 B/S 结构应用，而是要弥补以上不足。Ajax 使用 XMLHttpRequest 对象异步发送请求。Ajax 应用不采用请求对应页面的模式，发送请求也不要求重新加载页面。浏览器发送请求后，无须等待服务器响应，可以继续原来的操作。在服务器的响应完成后，客户端使用 JavaScript 函数将响应数据加载到浏览器中。

通过使用 Ajax 技术，用户发送请求之后，请求得到响应这个过程在后台进行，用户的界面以连续的方式运行。

1.2 重新设计 Web 应用

传统 Web 应用的不足一直突显在用户面前，用户常常抱怨系统的响应速度太慢。除了网络带宽的限制、业务逻辑复杂、硬件设备制约等因素外，频繁的页面刷新以及每次响应都必须下载整个响应页面，也导致了响应速度变慢。因此，传统 Web 应用必须重新改进。

1.2.1 富 Internet 应用

B/S 结构已成为应用程序开发的默认结构。用户对应用程序复杂性要求日增，Web 应用程序对完成复杂逻辑始终差强人意。

传统网络程序的开发是基于页面的、服务器端数据传递的模式，把网络程序的表示层建立于 HTML 页面之上，而 HTML 适合于文本显示，传统的基于 HTML 页面的系统已经不能满足网络浏览者更高的、全方位的体验要求。这就是“体验问题”（Experience Matters），而富 Internet 应用（Rich Internet Applications，RIA）的出现就是为了解决这个问题。目前 Web 领域和桌面软件领域正逐步向 RIA 靠拢，预计三五年后 RIA 的时代将会完全到来。

对于理想的 RIA，用户无须安装任何客户端软件，只需拥有浏览器。一个典型的富客户端应用是百度地图。百度地图支持鼠标的拖动、放大、缩小。地图随着鼠标的拖动而拖动，但页面本身却无须重新加载。如果鼠标拖动得太远，可能出现部分空白区域，但这种空白只是地图区域在加载，而不是整个页面在加载。

当使用鼠标单击地图上的提示点时，地图上将出现对该点更详细的介绍。图 1-4 所示为百度地图中的黄鹤楼信息。

图 1-4　百度地图应用

1.2.2　Ajax 的实际应用

Ajax 本质上是一种 RIA，而且其优势非常明显。基于 Ajax 的应用无须浏览器下载任何插件，并且可以在任何平台上良好运行。

从本质上看，Ajax 就是异步发送请求 JavaScript，也包括动态装载服务器数据。图 1-5 所示为异步发送请求的示意图。

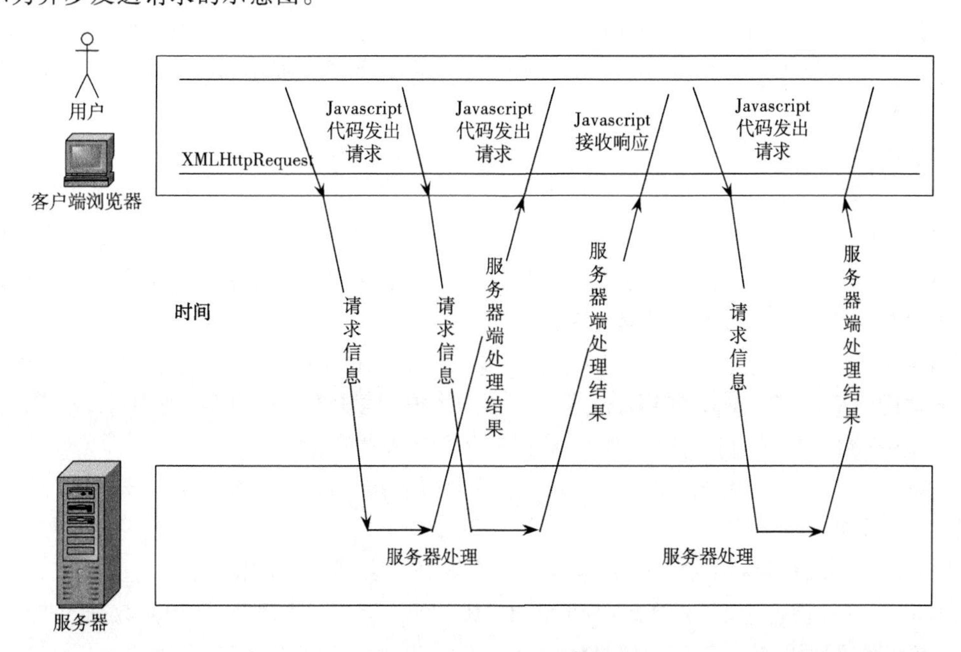

图 1-5　异步发送请求

Ajax 除了异步发送请求外，还能动态加载服务器响应数据。使用 Ajax 能避免频繁刷新页面，服务器响应的是数据，而不是整个页面内容。Ajax 负责获取服务器数据，然后将服务器数据动态加载到浏览器中。

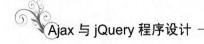

Ajax 还有个显著的优势是：所用的技术大都是些“古老”的技术，例如 JavaScript、DOM、CSS 等。同时，这些技术都是标准化的，并不属于任何特定的厂商，目前所有浏览器都对 Ajax 技术支持良好。所以，Ajax 技术自从 2005 年问世以来，已在业界得到迅速推广，到现在已很难找到没有使用 Ajax 的 B/S 的应用了。

Ajax 使用简单的 XMLHttpRequest 对象发送请求，使用简单的 JavaScript 函数监视服务器响应。在服务器响应完成后，JavaScript 通过 DOM 动态更新 HTML 页面。自始至终，用户的动作无须中断，所感受到的是一种连续的体验。

1.3 Ajax 技术简介

Ajax 由 Jesse James Garrett 在 2005 年 2 月的一篇文章中提出。Ajax 并不是一种新的语言或技术，它由几种已有的技术组合而成。

Ajax 通过在浏览器和服务器之间添加 Ajax 中间层，允许浏览器异步发送请求，同时允许动态加载服务器响应。用户的请求不再直接向服务器提交，而是使用 XMLHttpRequest 异步地向服务器发送，从而避免丢弃当前页面。

1.3.1 Ajax 的工作方式

Ajax 的核心是 JavaScript 对象 XMLHttpRequest。该对象在 Internet Explorer 5 中首次引入，它提供了异步发送请求的能力。简而言之，使用 XMLHttpRequest，可以通过 JavaScript 向服务器发送请求，并能够处理服务器响应，避免阻塞用户动作。通过使用 XMLHttpRequest 对象，浏览器通过客户端脚本与服务器交换数据，而 Web 页面无须频繁重新加载，Web 页面的内容由客户端脚本动态更新。

异步是指基于 Ajax 的应用与服务器通信的方式。对于传统的 Web 应用，每次用户发送请求，向服务器请求获得新数据时，浏览器都会完全丢弃当前页面，而等待重新加载新的页面。在服务器完全响应之前，用户浏览器将是一片空白，用户的动作必须中断。而异步是用户发送请求后，完全无须等待，请求在后台发送，不会阻塞用户当前活动，用户无须等待第一次请求得到完全响应，即可发送第二次请求。

使用 Ajax 的异步模式，浏览器不必等用户请求操作，无须重新下载整个页面，一样可以显示服务器的响应数据。Ajax 使用 JavaScript 传送数据。XMLHttpRequest 是 Ajax 的核心，JavaScript 则是 Ajax 技术的黏合剂。整个 Ajax 应用的工作过程如下：

（1）JavaScript 脚本使用 XMLHttpRequest 对象向服务器发送请求，既可以发送 GET 请求，也可以发送 POST 请求。

（2）JavaScript 脚本使用 XMLHttpRequest 对象解析服务器响应数据。

（3）JavaScript 脚本通过 DOM 动态更新 HTML 页面。也可以为服务器响应数据增加 CSS 样式表，在当前网页的某个部分加以显示。

1.3.2 Ajax 的技术核心

XMLHttpRequest 是整个 Ajax 技术的灵魂。可以说，没有 XMLHttpRequest，就没有 Ajax。

Ajax 技术的核心是异步发送请求，而 XMLHttpRequest 则是异步发送请求的对象。如果抛开异步发送请求，Ajax 的其他技术将完全失去原有的意义。

最早应用 XMLHTTP 的是微软。IE(IE5 以上)允许在 Web 页面内部使用 XMLHttp ActiveX 组件，从而扩展自身的功能，可以无须从当前 Web 页面发送请求，而允许直接传输数据给服务器，并允许直接从服务器读取数据。这个功能是很重要的，因为它减少了无状态连接的痛苦，还可以避免下载冗余 HTML 代码，从而提高进程的速度。

后来，Mozilla（Mozilla 1.0 以上及 Netscape Navigator 7 以上）也有了自己的实现——XMLHttpRequest 对象。Konqueror（还有 Safari 1.2，同样是基于 KHTML 的浏览器）也支持 XMLHttpRequest 对象。Opera 在其 7.6 以后的版本中增加了对 XMLHttpRequest 的支持。

W3C（万维网联盟）于 2012 年 7 月再次发布了 XMLHttpRequest Level 2 的草案，XMLHttpRequest 成为正式的异步传输规范。实际上，目前所有浏览器都已经支持最新的 XMLHttpRequest 规范。

1.3.3 Ajax 的编程平台

JavaScript 是一种跨平台的脚本语言。JavaScript 简单易用，而且在绝大部分浏览器中都运行良好。

JavaScript 脚本是 Ajax 技术中的另一个重要部分，主要完成如下工作。

（1）创建 XMLHttpRequest 对象。

（2）通过 XMLHttpRequest 向服务器发送请求。

（3）创建回调函数，监视服务器响应状态，在服务器响应完成后，回调函数启动。

（4）回调函数通过 DOM 动态更新 HTML 页面。

JavaScript 是 Ajax 技术的黏合剂，通过将其他几个技术有机地结合在一起而形成了 Ajax 技术。

1.3.4 Ajax 的特征与优势

1. 异步发送请求

异步发送请求是 Ajax 应用最核心的内容。如果不具备异步发送请求这个特征，那么不管页面做得多么丰富多彩，外表多么像桌面应用，也都不是 Ajax 应用。

Ajax 应用的巨大改进之处在于给用户的连续体验。用户发送请求后，还可以在当前页面浏览，或者继续发送请求，即使服务器响应还没有完成；而服务器响应完成后，浏览器并不重新加载整个页面，而仅加载需要更新的部分。

2. 服务器响应的是数据，而不是页面内容

与传统的 Web 应用不同的是，服务器不再生成整个 Web 页面。生成整个 Web 页面是一种非常“浪费”的行为，这种浪费不仅对用户不利，对服务器也是一样。用户从服务器完整下载了一个 Web 页面，随着服务器响应的到来，用户再次重新下载新的页面，也许这两个页面的基本内容完全一致，只有极个别的数据需要修改，但用户不得不下载全部页面，而服务器则不得不提供对应带宽给用户下载。

例如，对于一个实时的股票行情显示系统，每隔一段时间就需要实时刷新股票行情。当

前页面的大部分内容如图片、Flash 动画等都无须改变，甚至股票名称的文字也无须改变，需要改变的仅仅是当前股票价格。在传统的 Web 应用里，每隔一段时间都需要重复下载整个页面，这将导致服务器负载加重，而用户则处于一种不连续的体验中。

而在 Ajax 应用中，网络负载主要集中在应用加载期，也就是页面第一次下载时。一旦页面下载成功，则相当于在客户端部署了复杂的应用。而后面的操作是相当迅速的，客户端的 JavaScript 负责与服务器通信，从服务器获取必须更新的部分数据，而不再是整个页面内容。

3. 浏览器中的是应用，不是简单视图

在传统的 Web 应用中，浏览器只是简单视图，负责显示系统状态，并收集用户信息交给服务器，浏览器没有任何逻辑功能。当然，在传统的 Web 应用中，也不允许浏览器中包含逻辑。因为如果在页面中包含逻辑，则随着用户请求的提交，页面被丢弃，所有的逻辑都将丢失。

在传统的 Web 应用中，浏览器更不能包含用户的会话状态。而且如果将状态保存在客户端，则随着页面的刷新，用户的会话状态将丢失。

在 Ajax 应用中则完全不同，浏览器不仅可以包含简单的逻辑，而且可以保存用户会话状态。因为 Ajax 应用有个特点，即无须刷新页面即可完成内容的动态更新。

例如，一个简单的在线购物系统，用户的购物车就是典型的会话状态。在传统的 Web 应用里会采用 session 保存会话状态，即将用户的状态信息保存在服务器端。每次用户购买物品，都必须提交一次请求，从而将购买物品提交到服务器 session 中。而在 Ajax 应用中则无须使用 session，而是采用 JavaScript 的变量保存用户购买的所有物品信息；用户每次购买的物品也无须提交给服务器 session，而是直接修改浏览器中的 JavaScript 变量。在这种情况下，Web 页面既保存了用户的状态信息，又处理了部分业务逻辑。直到用户提交购买，数据需要持久化时，JavaScript 才将请求发送到服务器。

Ajax 应用初始化时，需要加载大量的 JavaScript 代码。这些 JavaScript 代码中已经包含了部分业务逻辑，它将在后台工作，负责处理部分逻辑、异步提交请求，以及读取服务器响应数据，动态更新页面。

1.4　第一个 Ajax 应用实例

1.4.1　传统的聊天室

B/S 结构的聊天室要实现的功能有两个：第一个功能是对用户的管理，包括用户登录和用户注册等；第二个功能是管理用户的聊天信息，系统需要保持用户最近的聊天信息。

通常情况下，系统会将用户信息、聊天信息都保存在数据库里。本应用为了简化，用户信息以 Properties 文件进行保存，用户聊天信息保存在内存中（使用一个 List 保存）。

该 B/S 聊天室遵循 MVC 的开发模式：客户端向控制器发送请求，控制器负责拦截用户请求，调用 Model 处理用户请求，控制器根据 Model 的处理结果，决定向用户呈现怎样的界面。B/S 聊天室的业务逻辑非常简单，包含如下功能。

（1）用户注册：向保存用户名、密码的文件中增加一条记录。

（2）用户登录：判断用户输入的用户名、密码是否正确，若正确则会跳转到聊天页面，否则不跳转。

（3）用户聊天：发送消息让所有用户看到。

聊天室的组件关系如图 1-6 所示。

图 1-6 聊天室的组件关系

1. 实现业务逻辑组件

系统没有采用数据库存放用户信息，而是使用 Properties 文件存放用户名和密码。所有的用户登录验证、新用户注册都需要通过 Properties 文件校验。业务逻辑组件提供如下方法用于加载属性文件。

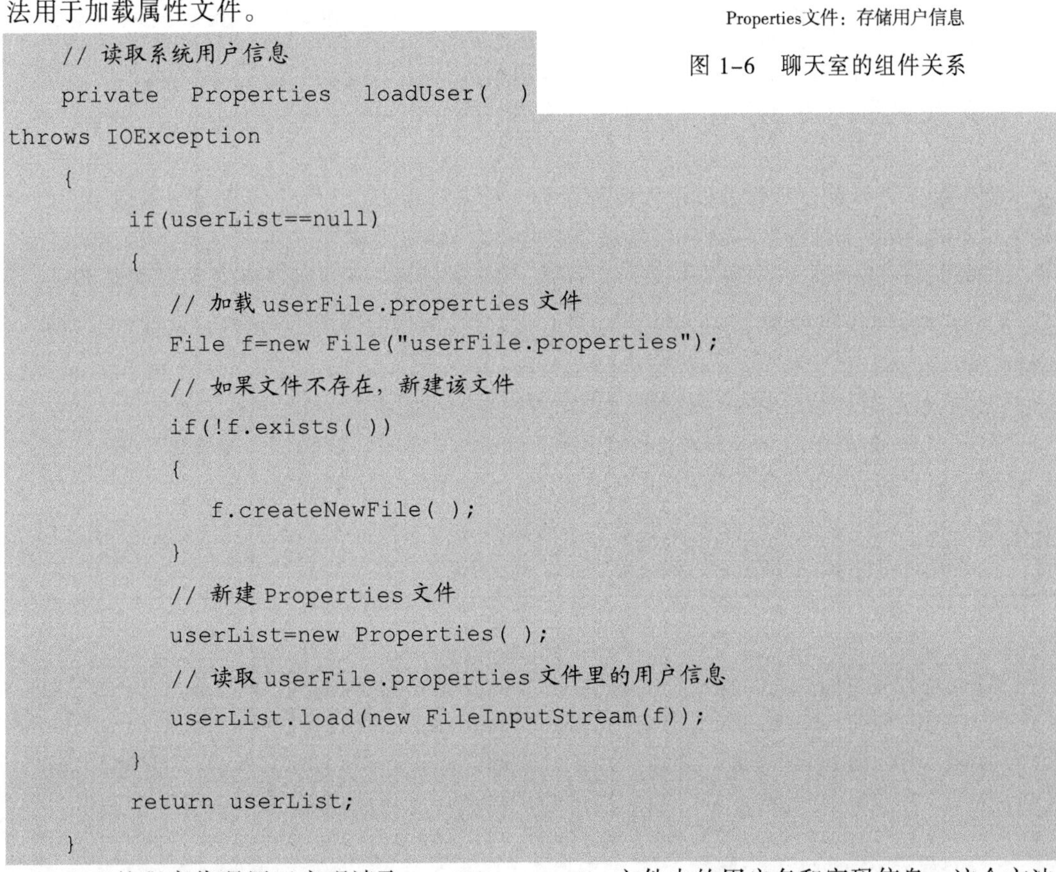

```
    // 读取系统用户信息
    private Properties loadUser( ) throws IOException
    {
        if(userList==null)
        {
            // 加载 userFile.properties 文件
            File f=new File("userFile.properties");
            // 如果文件不存在，新建该文件
            if(!f.exists( ))
            {
                f.createNewFile( );
            }
            // 新建 Properties 文件
            userList=new Properties( );
            // 读取 userFile.properties 文件里的用户信息
            userList.load(new FileInputStream(f));
        }
        return userList;
    }
```

上面的程序代码用于实现读取 userFile.properties 文件中的用户名和密码信息。这个方法是个工具方法，用于加载所有用户名和密码。userList 保存了当前系统中所有用户名和密码，它是 ChatService 对象的实例属性，是一个 Properties 对象，其中属性名是用户名，属性值是密码。

如果系统的注册用户非常多，则属性文字非常大，userList 也将非常大，这可能导致系统的性能下降，因此采用数据库保存信息更加合适。本例只为演示用，因此没有采用数据库。

此外，还有对应的方法用于将 userList 保存到 Properties 文件中，每次用户注册成功后都应该将新注册的用户保存到 Properties 文件中。保存 userList 的方法如下：

```
// 保存系统所有用户
private boolean saveUserList( ) throws IOException
{
    if(userList==null)
    {
       return false;
    }
    // 将 userList 信息保存到 Properties 文件中
    userList.store(new FileOutputStream("userFile.properties"),
       "Users Info List");
    return true;
}
```

上面的粗体字代码用于将 userList 对象中的用户名、密码信息保存到 userFile.properties 文件中。

上面的两个方法都是系统进行持久化的方法，只不过此处的持久化无须访问数据库，而只是使用 Properties 文件来保存持久化信息。业务逻辑对象必须向控制器提供的方法如下：

（1）boolean validLogin(String user,String pass)：用于判断用户名和密码是否可以成功登录。

（2）boolean addUser(String name,String pass)：用于注册用户时向 Properties 文件中增加记录。

（3）String getMsg( )：用于获取系统所保存的所有用户的聊天信息。

（4）void addMsg(String user,String msg)：用于增加聊天信息。聊天信息是瞬态信息，系统没有对聊天信息完成持久化，但每个用户的发言应该被增加到聊天信息。

本聊天系统的业务逻辑组件直接依赖上面的工具方法进行持久化，所以无须依赖持久化组件。业务逻辑组件 ChatService 的代码如下：

```
public class ChatService
{
  // 使用单例模式来设计 ChatService
  private static ChatService cs;
  // 使用 Properties 对象保存系统中的所有用户
  private Properties userList;
  // 使用 LinkedList 对象保存聊天信息
  private LinkedList<String> chatMsg;
  // 通过静态方法返回唯一的 ChatService 对象
  public static ChatService instance( )
  {
     if(cs==null)
     {
        cs=new ChatService( );
```

```
    }
    return cs;
}
// 验证用户的登录
public boolean validLogin(String user , String pass)
throws IOException
{
    // 根据用户名获取密码
    String loadPass=loadUser( ).getProperty(user);
    // 登录成功
    if(loadPass != null && loadPass.equals(pass))
    {
        return true;
    }
    return false;
}
// 新注册用户
public boolean addUser(String name , String pass)
    throws Exception
{
    // 当 userList 为 null，初始化 userList 对象
    if(userList==null)
    {
        userList=loadUser( );
    }
    // 如果 userList 已经保存所需注册的用户
    if(userList.containsKey(name))
    {
        throw new Exception("用户名已经存在，请重新选择用户名");
    }
    userList.setProperty(name , pass);
    saveUserList( );
    return true;
}
// 获取系统中所有聊天信息
public String getMsg( )
{
    // 如果 chatMsg 对象为 null，表明不曾开始聊天
    if(chatMsg==null)
```

```
        {
            chatMsg=new LinkedList( );
            return "";
        }
        StringBuilder result=new StringBuilder( );
        // 将 chatMsg 中所有聊天信息拼接起来
        for(String line : chatMsg)
        {
            result.append(line + "\n");
        }
        return result.toString( );
    }
    // 用户发言，添加聊天信息
    public void addMsg(String user , String msg)
    {
        // 如果 chatMsg 对象为 null，初始化 chatMsg 对象
        if(chatMsg==null)
        {
            chatMsg=new LinkedList( );
        }
        // 最多保存 40 条聊天信息，当超过 40 条之后，将前面聊天信息删除
        if(chatMsg.size( ) > 40)
        {
            chatMsg.removeFirst( );
        }
        //添加新的聊天信息
        chatMsg.add(user + "说: " + msg);
    }
    //省略了 loadUser 和 saveUserList 两个工具方法
    ...
}
```

2. **实现控制器**

系统的控制器由 Servlet 充当，Servlet 负责拦截用户请求，然后调用 ChatService 对象处理用户请求，根据处理结果，将请求 forward 到合适的页面显示。本系统包含三个用例：用户注册、用户登录和用户聊天。系统为每个请求配置一个控制器。控制器的运行结构大致相似，下面以注册所用的控制器为例进行讲解。

```
public class RegServlet extends HttpServlet
{
  public void doGet(HttpServletRequest request, HttpServletResponse
```

```
response)   throws ServletException, IOException
      {
        // 设置使用 GBK 字符集来解析请求参数
        request.setCharacterEncoding("GBK");
        // 取得用户的两个请求参数
        String name = request.getParameter("name");
        String pass = request.getParameter("pass");
        //进行服务器端的输入校验
        if (name == null || name.trim( ).equals("")
           || pass == null || pass.trim( ).equals(""))
        {
           request.setAttribute("tip" , "用户名和密码都不能为空");
        }else
        {
           try
           {
              // 调用 ChatService 对象的 addUser 方法来增加用户
              // 如果注册成功
              if(ChatService.instance( ).addUser(name , pass))
              {
                 request.setAttribute("tip" , "注册成功，请登录系统");
              }
              // 如果注册失败
              else
              {
                 request.setAttribute("tip" , "无法正常注册，请重试");
              }
           }
           catch(Exception e)
           {
              request.setAttribute("tip" , e.getMessage( ));
           }
        }
        forward("/reg.jsp" ,request, response);
     }
     // 执行转发请求的方法
     private void forward(String url , HttpServletRequest request,
        HttpServletResponse response)throws ServletException,IOException
   {
```

```
        // 执行转发
        request.getRequestDispatcher(url).forward(request, response);
    }
    public void doPost(HttpServletRequest request, HttpServletResponse response)
        throws ServletException, IOException {
        doGet(request, response);
    }
}
```

如上面程序所示，该 RegServlet 调用 ChatService 对象的 addUser( )方法来注册新用户，也就是控制器调用业务逻辑组件方法来处理用户请求。

其余两个控制器 ChatServlet 和 LoginServlet 与此类似，ChatServlet 调用 addMsg( )和 getMsg( )方法来添加聊天信息和显示聊天信息。两个控制器调用 getMsg( )方法获取聊天记录后，将聊天记录放置到 HttpServletRequest 的 msg 属性中。JSP 页面则直接通过如下的表达式语言来输出聊天信息：

```
${requestScope.msg}
```

聊天界面由一个文本域和一个文本框组成，文本框负责收集用户输入的聊天信息，文本域负责显示当前所有用户的聊天信息。聊天页面的代码片段如下：

```
<div style="width:780px;border:1px solid black;text-align:center">
<h3>聊天页面</h3>
<p>
  <textarea name="textarea" cols="90" rows="30"
  readonly="readonly">${requestScope.msg}</textarea>
</p>
<form name="form1" method="post" action="chat.do" >
  <div align="center">
     <input name="chatMsg" type="text" size="90"
        onclick="document.form1.submit;"/>
     <input type="submit" name="Submit" value="发送"/>
  </div>
</form>
</div>
```

上面代码中文本区用于显示系统的聊天信息，下面表单中文本框和按钮用于输入聊天信息和发送聊天信息。除此之外，该页面也使用了 JavaScript 来提供客户端输入校验，详细代码可查看源码。

前面的程序已经实现了一个简单的 B/S 聊天室，但这个 B/S 聊天室存在一些小问题。传统 B/S 结构的应用都是基于请求/响应的应用。客户端向服务器发送请求，而服务器则生成对客户端的响应。在这种结构模式里，服务器不会主动向客户端发送响应。如果客户端不发送任何请求，则即使系统的聊天信息发生改变，用户也依然看不到其他用户的聊天信息。

当用户发送请求时，请求被控制器截获，控制器处理完用户请求后，将请求转发到 JSP 页面，由该 JSP 页面呈现处理结果。关键问题就在这里：每次用户发送请求后只能等待服务器响应，如果服务器响应很慢，客户端浏览器就将一直等待，什么事情也做不了。如果客户端想再次发送请求，则完全不可能，因为服务器没有生成响应，即客户端的浏览器是一片空白。

当用户发送聊天信息时，客户端浏览器需要不断地下载聊天页面，即每次发送聊天信息后，都需要重新下载页面。

服务器每次响应都会生成一个完整的页面。在实际应用中，完整页面包含的内容相当多，少则几百行，多则几千行、上万行。有时除了少量的数字和文字需要改变，页面的其他修饰、效果、图片等都无须更新，但客户端必须重新下载这些已经下载过的资源。相同资源的大量重复下载，严重占用了客户的网络带宽，也使得客户端的速度变慢。总体来说，传统的 B/S 聊天室有如下问题。

（1）JSP 页面无法异步发送请求，用户请求与服务器响应严格交替：用户请求→服务器响应。如果用户没有发送请求，服务器就不会响应；如果服务器响应没有完成，用户就无法再次发送请求。

（2）服务器响应后总是生成完整 JSP 页面，导致大量下载重复资源。

1.4.2 使用 Ajax 实现聊天室功能

针对传统的 B/S 聊天室所存在的问题，Ajax 技术进行了相应的改进。Ajax 技术并不是要取代 B/S 结构的应用，而是更好地完善了传统的 Web 应用。

对于 JSP 存在的问题，Ajax 都有非常好的解决方案：Ajax 使用 XMLHttpRequest 异步发送请求，Ajax 的服务器响应仅是必须更新的数据，而不再是整个页面。JavaScript 负责将必须更新的数据加载到视图页面中。

使用 Ajax 可提高页面的复用：通过使用 Ajax 技术，请求和页面分离开，一个视图页面可以发送多个请求，因而用户可以长时间使用同一个页面，故可以更好地复用一个已下载的页面。

1. 异步发送请求

异步发送请求是 Ajax 最核心的内容，Ajax 中的 A 就代表 Asynchronous（异步的），Ajax 使用 XMLHttpRequest 对象异步发送请求。在某种程度上，Ajax 是以 XMLHttpRequest 对象为核心，结合 JavaScript、DOM、CSS 后组成的新技术。

为了使用 XMLHttpRequest 对象，必须先创建 XMLHttpRequest 对象，创建该对象的代码如下：

```
//创建 XMLhttpRequest 对象
function createXMLHttpRequest( )
{
    var xmlHttp;
    try
    {
        // Firefox, Opera 8.0+, Safari
```

```
            xmlHttp=new XMLHttpRequest( );
        }
        catch(e)
        {
            // Internet Explorer
            try
            {
                xmlHttp=new ActiveXObject("Msxml2.XMLHTTP");
            }
            catch(e)
            {
                try
                {
                    xmlHttp=new ActiveXObject("Microsoft.XMLHTTP");
                }
                catch (e)
                {
                    alert("您的浏览器不支持AJAX! ");
                    return false;
                }
            }
        }
    }
```

上面程序中的代码可以在 Internet Explorer、Firefox、Opera（除 IE 之外的其他浏览器都会遵守 DOM2 规范）等浏览器中创建 XMLHttpRequest 对象。因为 XMLHttpRequest 在不同的浏览器中实现方式不同，因而在不同的浏览器中创建 XMLHttpRequest 对象的方式也略有差异。

一旦 XMLHttpRequest 对象创建成功，系统就可以使用 XMLHttpRequest 发送请求。XMLHttpRequest 请求与传统的请求不同，传统的发送请求需要提交表单，或者请求新的网络页面，这都将导致浏览器重新发送请求、重新加载新页面。而 XMLHttpRequest 发送请求则通过 JavaScript 代码完成，这就避免了页面的刷新，这也是异步发送请求的核心。

XMLHttpRequest 对象包含 send()方法用于发送请求。在发送请求之前，应先与请求的 URL 取得连接，XMLHttpRequest 通过 open()方法打开与请求 URL 的连接。下面是使用 XMLHttpRequest 发送请求的 JavaScript 代码。

```
function showChatMsg( )
 {
   var chatmsg = document.getElementById("chatMsg").value;
   document.getElementById("chatArea").value = chatmsg;
   document.getElementById("chatMsg").value = "";
```

```
        createXMLHttpRequest( );
    // 定义发送请求的目标 URL
    var url = "ChatServlet";
    // 通过 open()方法取得与服务器的连接，发送 POST 请求
    XMLHttpReq.open("POST", url, true);
    // 设置请求头-发送 POST 请求时需要该请求头
    XMLHttpReq.setRequestHeader("Content-Type",
        "application/x-www-form-urlencoded");
    // 指定 XMLHttpRequest 状态改变时的处理函数
    XMLHttpReq.onreadystatechange = processResponse;
    // 发送请求，send 的参数包含许多的 key-value 对
    // 即以“请求参数名=请求参数值”的形式发送请求参数
    XMLHttpReq.send("chatMsg=" + chatMsg);
  }
```

上面的程序用 open()方法打开与请求资源的连接,因为本系统采用 POST 方法发送请求参数，因此在请求里增加了 Content-Type 请求头，并将该请求头的值设为 application/x-www-form-urlencoded，这是为了保证对请求参数采用合适的格式发送。程序中的粗体字代码是发送 POST 请求的完整过程。

一般而言，使用 XMLHttpRequest 发送请求的步骤如下：

（1）使用 open()方法连接服务器 URL。

（2）调用 setRequestHeader()方法为请求设置合适的请求头。根据不同的请求，可能需要设置不同的请求头。

（3）指定回调函数。所谓回调函数就是用于检测 XMLHttpRequest 状态的函数（类似于事件监听器），当 XMLHttpRequest 的状态发生改变时，该回调函数将被触发而自动执行。

（4）调用 send()方法发送请求。

通过上面的程序可以发现，在采用 Ajax 发送请求时，发送请求比传统 Web 应用略复杂。传统 Web 应用发送请求有以下两种形式：

（1）在浏览器的地址栏输入请求地址后按 Enter 键发送 GET 请求。

（2）提交表单发送的方式比较简单，基本无须编写任何程序代码，在改为使用 Ajax 请求后，需要先创建 XMLHttpRequest 对象，再使用该对象来发送异步请求。

2. 使用 Servlet 生成响应

控制器 Servlet 将请求获取，调用 Service()方法完成信息处理，然后将结果发送到客户端页面，下面是这种用法下的控制器代码。

```
    public class chatServlet extends HttpServlet {
    public void destroy( ) {
        super.destroy( ); // Just puts "destroy" string in log      }
    public  void  doGet(HttpServletRequest  request,  HttpServletResponse
response)
    throws ServletException, IOException {
```

```
        request.setCharacterEncoding("utf-8");
        response.setContentType("text/html;charset=utf-8");
        PrintWriter out=response.getWriter( );
        String chatmsg=request.getParameter("chatMsg ");
        String user = (String) request.getSession( ).getAttribute("user");
        if(chatmsg != null && !chatmsg.equals(""))
        {
           chatService.instance( ).addMsg(user,chatmsg);
        }
        out.print(chatService.instance( ).getMsg( ));
        out.flush( );
        out.close( );
    }
    public void doPost(HttpServletRequest request, HttpServletResponse
response)
    throws ServletException, IOException {
        doGet(request, response);
    }
    public void init( ) throws ServletException {
        // Put your code here
    }
}
```

上面的 Servlet 与前一个 Servlet（1.4.1 节）基本相似，只是在 Servlet 处理用户请求结束后并未直接生成响应，而是输出聊天信息到聊天页面。

3. **解析服务器响应**

服务器响应生成简单文本，而 XMLHttpRequest 包含属性 responseText，该属性可获取服务器响应生成的文本。在解析服务器响应之前，必须先判断服务器响应是否完成，以及响应是否正确，如生成状态码为 404 等的错误响应也是没有意义的。为此，XMLHttpRequest 提供了以下两个属性。

（1）readyState：判断服务器响应的状态，其中 4 表明响应完成。

（2）status：判断服务器响应对应的状态码，其中 200 表明响应正常，404 表明资源丢失，500 表明内部错误等。关于 XMLHttpRequest 的详细介绍请参考第 2 章。

判断完响应状态后，可以使用 responseText 属性获取服务器响应文本，并将该文本输出到页面显示。下面是解析、处理服务器响应的 JavaScript 代码。

```
// 处理返回信息函数
function processResponse( )
{
  // 当 XMLHttpRequest 读取服务器响应完成
  if (XMLHttpReq.readyState == 4)
```

```
    {
        // 服务器响应正确（当服务器响应正确时，返回值为 200 的状态码）
        if (XMLHttpReq.status == 200)
        {
            // 使用 chatArea 多行文本域显示服务器响应的文本
            document.getElementById("chatArea").value
                = XMLHttpReq.responseText;
        }
        else
        {  // 提示页面不正常
            window.alert("您所请求的页面有异常。");
        }
    }
}
```

上面的程序中代码先判断 XMLHttpRequest 的响应状态，当 readyState 属性为 4 时表明响应完成；再判断 status 是否为 200，是则表明服务器生成了正确的响应。

此时，浏览器的页面通过 JavaScript 与服务器进行的通信基本完成。客户端通过 sendRequest()函数向服务器发送请求，服务器通过 chatServlet 处理用户请求，在服务器响应完成后且服务器生成了正确的响应后，客户端通过 DOM 操作将服务器响应加载在视图页面上。

如果视图页面使用的是 JSP 页面，也可以通过 Servlet 将请求转发到 JSP 页面生成响应。

整个聊天室 HTML 页面的代码如下：

```
<!DOCTYPE html>
<html>
<head>
<meta name="author" content="Yeeku.H.Lee(CrazyIt.org)" />
<meta http-equiv="Content-Type" content="text/html; charset=GBK" />
<title>聊天页面</title>
</head>
<body onload="sendEmptyRequest( );">
<div style="width:780px;border:1px solid black;text-align:center">
<h3>聊天页面</h3>
<p>
<textarea id="chatArea" name="chatArea" cols="90"
rows="30" readonly="readonly"></textarea>
</p>
<div align="center">
<input id="chatMsg" name="chatMsg" type="text"
size="90" onkeypress="enterHandler(event);"/>
```

```
<input type="button" name="button" value="提交"
onclick="sendRequest( );"/>
</div>
</div>
<script type="text/JavaScript">
var input = document.getElementById("chatMsg");
input.focus( );
var XMLHttpReq;
// 创建 XMLHttpRequest 对象
function createXMLHttpRequest( )
{
  if(window.XMLHttpRequest)
  {
     // DOM 2 浏览器
     XMLHttpReq = new XMLHttpRequest( );
  }
  else if(window.ActiveXObject)
  {
     // IE 浏览器
     try
     {
        XMLHttpReq = new ActiveXObject("Msxml2.XMLHTTP");
     }
     catch(e)
     {
        try
        {
           XMLHttpReq = new ActiveXObject("Microsoft.XMLHTTP");
        }
        catch(e)
        {
        }
     }
  }
}
// 发送请求函数
function showChatMsg( )
 {
   var chatmsg = document.getElementById("chatMsg").value;
```

```
    document.getElementById("chatArea").value = chatmsg;
    document.getElementById("chatMsg").value = "";
    createXMLHttpRequest( );
  // 定义发送请求的目标 URL
  var url = "ChatServlet";
  // 通过 open()方法取得与服务器的连接，发送 POST 请求
  XMLHttpReq.open("POST", url, true);
  // 设置请求头-发送 POST 请求时需要该请求头
  XMLHttpReq.setRequestHeader("Content-Type",
      "application/x-www-form-urlencoded");
  // 指定 XMLHttpRequest 状态改变时的处理函数
  XMLHttpReq.onreadystatechange = processResponse;
  // 发送请求，send 的参数包含许多的 key-value 对
  // 即以“请求参数名=请求参数值”的形式发送请求参数
  XMLHttpReq.send("chatMsg=" + chatMsg);
}

function sendEmptyRequest( )
{
  // 完成 XMLHttpRequest 对象的初始化
  createXMLHttpRequest( );
  // 定义发送请求的目标 URL
  var url="ChatServlet";
  // 发送 POST 请求
  XMLHttpReq.open("POST", url, true);
  // 设置请求头-发送 POST 请求时需要该请求头
  XMLHttpReq.setRequestHeader("Content-Type",
      "application/x-www-form-urlencoded");
  // 指定 XMLHttpRequest 状态改变时的处理函数
  XMLHttpReq.onreadystatechange = processResponse;
  // 发送请求，不发送任何参数
  XMLHttpReq.send(null);
  // 指定 0.8s 之后再次发送请求
  setTimeout("sendEmptyRequest( )" , 800);
}
// 处理返回信息函数
function processResponse( )
{
  // 当 XMLHttpRequest 读取服务器响应完成
```

```
    if(XMLHttpReq.readyState==4)
    {
        // 服务器响应正确（当服务器响应正确时，返回值为 200 的状态码）
        if(XMLHttpReq.status==200)
        {
            // 使用 chatArea 多行文本域显示服务器响应的文本
            document.getElementById("chatArea").value
                = XMLHttpReq.responseText;
        }
        else
        {
            // 提示页面不正常
            window.alert("您所请求的页面有异常。");
        }
    }
}
function enterHandler(event)
{
    // 获取用户单击键盘的“键值”
    var keyCode=event.keyCode ? event.keyCode
        : event.which ? event.which : event.charCode;
    // 如果是回车键
    if(keyCode==13)
    {
        sendRequest( );
    }
}
</script>
</body>
</html>
```

通过上面的页面，基于 Ajax 的聊天室已基本完成。Ajax 聊天室的客户端请求在后台异步发送，客户端读取服务器响应也通过 JavaScript 完成。整个过程不会阻塞用户的聊天，即使服务器的响应变慢，客户端依然可发送请求或者查看原有的聊天记录，无须等待下载页面。图 1-7 所示为该聊天室页面的运行效果。

聊天页面配置运行

图 1-7　聊天室页面的运行效果

1.5　两种开发模式下的对比

Ajax 技术是对传统 Web 技术的一种改良和发展。引入 Ajax 技术后的 Web 应用，不仅改善了性能，也改善了用户体验。下面就 5 个方面谈谈传统 Web 应用与 Ajax 应用之间的对比。

（1）用户体验方面：这是 Ajax 技术的最大改善之处。传统 Web 应用中用户只能发送独占式请求，一旦请求发送出去页面就处于等待状态，等待服务器响应完成，服务器响应完成之前页面只能是一片空白；Ajax 技术则完全不同，它采用异步的方法发送请求，不会阻塞当前浏览器线程，浏览器可以进行下一步操作。让用户不用处于等待状态，带给用户连续的体验。

（2）响应速度：一般认为 Ajax 应用速度比传统 Web 应用要快，但是 Ajax 第一次加载时速度比传统 Web 应用要慢（大量 JavaScript 代码），传统 Web 占用的网络带宽更大。

（3）应用架构：在传统 Web 三层的基础上额外增加一个 Ajax 引擎。在客户端保存用户状态而无须使用 Session，能将控制器的部分功能转移到客户端上（安全性降低）。

（4）开发代码量：Ajax 依赖于 JavaScript 代码，大量 JavaScript 代码降低了程序员开发速度，限制了代码的重用性，增加了程序员的调试负担。

（5）服务器的负担：大大增加了服务器的负担，因为 Ajax 发送的请求远比 Web 应用多。所以应理性应用 Ajax 技术，盲目增加 Ajax 交互会增加服务器的负担。

小　　结

本章简单介绍了 C/S、B/S 结构应用的优缺点。通过对比介绍了 B/S 结构的应用取代 C/S 结构的应用的客观原因，同时也介绍了 B/S 结构的应用面临的问题，从而引入了 Ajax 技术。Ajax 技术正是为了完善传统的 B/S 结构的应用而出现的。本章重点介绍了 Ajax 技术的发展、特征，以及组成 Ajax 技术的基本技术。本章重点比对了一个聊天室模块，该模块既有采用传统 Web 技术开发的案例，也有采用 Ajax 技术开发的案例。通过两个案例的对比，使读者体会到 Ajax 带来的技术革命：Ajax 带来的不仅有应用性能上的提高、服务器负载的降低，还有对用户体验的提升。

习　题

在注册页面增加用户是否已注册的检查。即在用户名文本框内输入用户名后，文本框旁自动提示用户名已经注册或未注册的信息提示（可增加数据库设计）。

XMLHttpRequest 对象详解

学习目标

了解：Ajax 的生命周期及问题解决方法。

理解：发送 GET 请求和 POST 请求的区别。

掌握：XMLHttpRequest 对象的基本知识和常用方法与属性。

2.1 XMLHttpRequest 对象概述

XMLHttpRequest 对象是整个 Ajax 技术中的核心，缺少了它，Ajax 的其余技术就无法成为一个有机的整体。Ajax 技术的核心是：异步发送请求，不刷新页面，动态加载是表象，异步发送是根本。Ajax 技术离开了 XMLHttpRequest 对象，将失去与服务器通信的能力。

从第 1 章的内容可以发现，在 Ajax 应用中以 XMLHttpRequest 对象异步发送请求，这种请求既可以是 GET 请求，也可以是 POST 请求，二者都可以发送请求参数。与传统 Web 应用不同，Ajax 必须以编程的方式来发送请求。在请求发送出去之后，服务器响应会在合适的时候返回，但客户端浏览器不会自动加载这种异步响应，程序必须先调用 XMLHttpRequest 对象的 responseText 或 responseXML 来获取服务器响应，再通过 DOM 操作将服务器响应多态加载到当前页面中。

1999 年上半年，Microsoft 在 Internet Explorer 5.0 中首次使用了一种新技术，通过使用这种新技术，浏览者不用从当前 Web 页面跳转，或者使用表单提交来发送请求，而是可以直接在当前页面中发送请求到服务器，也可以从服务器读取数据。这种技术的实现依赖于一个特殊的 ActiveX 对象，即 XMLHTTP。

在此之前，能够做到直接与服务器通信的唯一技术是 iframe。这个功能非常重要，因为它能减少无状态连接的等待，还可以减少冗余 HTML 代码的下载，从而提高响应速度。

XMLHTTP 对象大受欢迎，到了 2000 年它几乎成为事实上的标准。Mozilla 在这一年实现了具有相同接口的原生对象，称为 XMLHttpRequest 对象。后来，Opera、Safari 等浏览器也都相继实现了 XMLHttpRequest 对象。于是，XMLhttpRequest 成为这个技术的正式名称。

关于 XMLhttpRequest 最通用的定义是：XMLHttpRequest 是一套可以在 JavaScript、VBScript、JScript 等脚本语言中使用的 API，它通过 HTTP 协议异步地向服务器发送请求，并获取从服务器返回的响应。XMLHttprequest 的用处是提供与服务器异步通信的能力。

根据 MSDN 的解释，XMLHTTP 提供客户端同 HTTP 服务器通信的协议，客户端可以通过 XMLHTTP 对象向服务器发送请求，并使用微软 XML 文档对象模型（DOM）来处理服务器的响应。

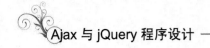

2.2 XMLHttpRequest 的方法和属性

XMLHttpRequest 包含了一些基本的属性和方法，它正是通过这些属性和方法与服务器通信的。Ajax 则依赖 XMLHttpRequest 来完成与服务器的通信，XMLHttpRequest 是 Ajax 与服务器异步通信的核心。

通过 XMLhttpRequest 对象与服务器的异步通信，可避免每次发送请求对应一个页面的模式，从而允许在一个页面发送多次异步请求，每次只从服务器读取必需的信息。通过使用 Ajax 既可以减轻服务器的负担，又可以加快响应速度、缩短用户等待时间。

2.2.1 XMLHttpRequest 的方法

XMLHttpRequest 对象的方法并不多，下面是基本方法。

（1）abort( )：取消当前响应，关闭连接并且结束任何未决的网络活动。

这个方法把 XMLHttpRequest 对象重置为 readyState 为 0 的状态，并且取消所有未决的网络活动。例如，如果请求用了太长时间，而且响应不再必要，则可以调用这个方法。

（2）getAllResponseHeaders( )：把 HTTP 响应头部作为未解析的字符串返回。

如果 readyState 小于 3，这个方法返回 null；否则，它返回服务器发送的所有 HTTP 响应的头部。头部作为单个的字符串返回，一行一个头部，每行用换行符"\r\n"隔开。

（3）getResponseHeader( )：返回指定的 HTTP 响应头部的值。其参数是要返回的 HTTP 响应头部的名称。可以使用任何大小写字母指定这个头部的名字，和响应头部的比较是不区分大小写的。该方法的返回值是指定的 HTTP 响应头部的值，如果没有接收到这个头部或者 readyState 小于 3，则为空字符串；如果接收到多个有指定名称的头部，则这个头部的值被连接起来并返回，使用逗号和空格分隔开各个头部的值。

（4）open("method","URL" [,asyncFLag[,"userName" [,"password"]]])：初始化 HTTP 请求参数，如 URL 和 HTTP 方法，但是并不发送请求。

（5）send(content)：发送 HTTP 请求，使用传递给 open( ) 方法的参数，以及传递给该方法的可选请求体。

（6）setRequestHeader("label","value")：向一个打开但未发送的请求设置或添加一个 HTTP 请求。

下面依次介绍这些常用方法的具体用法。

在请求被发送之后，getAllResponseHeaders 和 getResponseHeader 这两个方法可用于获取服务器响应头。

虽然 getAllResponseHeaders 方法用于返回全部的响应头，但其返回值并不是一个数组，也不是一个对象，而是一个字符串——由所有响应头的“名：值”对所组成的字符串，即如下形式：

```
    Server: Apache-Coyote/1.1 Content-Type: text/html;charset=GBK Content-Length: 38
    Date: Fri,20 Oct 2015 08:07:59 GMT
```

具体的响应头数目取决于生成响应的程序设置了多少。如下面的 HTML 页面所示，该页面向服务器异步发送请求，处理响应时将所有的响应头全部输出。

```
<body>
<select name="first" id="first" onchange="change(this.value);">
<option value="1" selected="selected">中国</option>
<option value="2">美国</option>
<option value="3">日本</option>
</select>
<div id="output"></div>
<script type="text/JavaScript">
  // 定义了 XMLHttpRequest 对象
  var xmlrequest;
  // 完成 XMLHttpRequest 对象的初始化
  function createXMLHttpRequest( )
  {
     if(window.XMLHttpRequest)
     {
        // DOM 2 浏览器
        xmlrequest = new XMLHttpRequest( );
     }
     else if(window.ActiveXObject)
     {
        // IE 浏览器
        try
        {
           xmlrequest=new ActiveXObject("Msxml2.XMLHTTP");
        }
        catch(e)
        {
           try
           {
              xmlrequest=new ActiveXObject("Microsoft.XMLHTTP");
           }
           catch(e)
           {
           }
        }
     }
  }
  // 事件处理函数，当下拉列表选择改变时，触发该事件
```

```
    function change(id)
    {
        // 初始化 XMLHttpRequest 对象
        createXMLHttpRequest( );
        // 设置请求响应的 URL
        var uri = "second.jsp?id=" + id;
        // 打开与服务器响应地址的连接
        xmlrequest.open("POST", uri, true);
        // 设置请求头
        xmlrequest.setRequestHeader("Content-Type"
        , "application/x-www-form-urlencoded");
        // 设置处理响应的回调函数
        xmlrequest.onreadystatechange=processResponse;
        // 发送请求
        xmlrequest.send(null);
    }
    // 定义处理响应的回调函数
    function processResponse( )
    {
        // 响应完成且响应正常
        if(xmlrequest.readyState==4)
        {
            if(xmlrequest.status==200)
            {
                // 信息已经成功返回，开始处理信息
                var headers = xmlrequest.getAllResponseHeaders( );
                // 通过警告框输出响应头
                alert("响应头的类型: " + typeof headers + "\n"+ headers);
                // 在页面输出所有响应头
                document.getElementById("output").innerHTML=headers;
            }
            else
            {
                // 页面不正常
                window.alert("您所请求的页面有异常。");
            }
        }
    }
</script>
```

```
</body>
```

上面的代码中粗体字代码指定当下拉列表框中的所选项发送改变时将会触发 change( )函数，该函数会向服务器 second.jsp 页面发送异步请求。系统采用 POST 方法发送请求，请求得到响应后，使用 getAllResponseHeaders()方法获得所有的请求头，并将请求头以警告框和页面输出两种方式输出。

上面的页面是级联下拉列表的实例。当选择不同国家时，该国家对应的城市将在下面显示，该应用的 second.jsp 页面的代码如下：

```
<%@ page contentType="text/html; charset=GBK" language="java" %>
<%
String idStr=(String)request.getParameter("id");
int id=idStr==null ? 1 : Integer.parseInt(idStr);
System.out.println(id);
switch(id)
{
  case 1:
     %>
     上海$广州$北京
     <%
        break;
        case 2:
     %>
     华盛顿$纽约$加州
     <%
        break;
        case 3:
     %>
     东京$大阪$福冈
     <%
  break;
}
%>
```

上面的页面只是一个简单的 JSP 页面，该页面将会对客户端异步请求生成响应。客户端获取服务器响应时，并未处理响应数据，而是获取了响应头。响应头通过两种方式输出：一种是通过警告对话框，另一种是通过页面<div.../>元素加载。

在浏览器中浏览该页面，并改变下拉列表框里的选中选项，将弹出如图 2-1 所示的警告框。该框的第一行是所获取响应头的类型，后面各行是所有响应头以及对应的值。

上面的程序发送请求时调用了 setRequestHeader( )方法设置请求头。因为在发送 POST 请求时应设置对应的编码方式。XMLHttpRequest 提供的 open( )和 send( )方法主要用于发送请求。

在调试 Ajax 应用时，不能只调试 HTML 页面的 JavaScript 脚本，对服务器响应却不甚理会。实际上，在调试 JavaScript 脚本之前，应该先保证服务器响应正确，例如，此处直接请求服务器的 second.jsp 页面，将可看到如图 2–2 所示的页面。

图 2–1　警告框

图 2–2　服务器响应正确

2.2.2　XMLHttpRequest 的属性

XMLHttpRequest 的属性也很简单，Ajax 技术通过 XMLHttpRequest 的这些简单属性实现与服务器的异步通信。

XMLHttpRequest 对象常用的属性如下：

（1）onreadystatechange：该属性用于指定 XMLHttpRequest 对象状态改变时的事件处理函数。

（2）readyState：该属性用于获取 XMLHttpRequest 对象的处理状态。

（3）responseText：该属性用于获取服务器的响应文本。

（4）responseXML：该属性用于获取服务器响应的 XML 文档对象。

（5）status：该属性是服务器返回的状态码，只有当服务器的响应已经完成时，才会有该状态码。

（6）statusText：该属性是服务器返回的状态文本信息，只有当服务器的响应已经完成时，才会有该状态文本信息。

1. onreadystatechange 和 readyState 属性

onreadystatechange 属性用于指定 XMLHttpRequest 对象的状态改变函数。当 XMLHttpRequest 对象的状态改变时，该函数将被触发。

XMLHttpRequest 对象有如下几种状态。

0：XMLHttpRequest 对象还没有完成初始化。

1：XMLHttpRequest 对象开始发生请求。

2：XMLhttpRequest 对象的请求发送完成。

3：XMLHttpRequest 对象开始读取服务器的响应。

4：XMLHttpRequest 对象读取服务器的响应结束。

XMLHttpRequest 对象的这几种状态信息可通过 readyState 属性读取。因此可以这样理解：每当 XMLHttpRequest 对象的 readyState 属性改变时，其 onreadystatechange 属性指定的方法都会被触发。

修改 2.2.1 节示例，将该示例中的 first.html 页面代码改成如下形式。

```
// XMLHttpRequest 对象状态改变时的事件处理函数
  function processResponse( )
  {
```

```
        // 输出 XMLHttpRequest 对象的状态。
        alert(xmlrequest.readyState);
    }
```

从上面的事件处理函数的代码可以看出，该函数仅用来监控 XMLHttpRequest 对象的 readyState 属性值的改变，当该属性值发送改变时，该函数输出 readyState 属性值。

该应用的 second.jsp 页面没有任何修改。

浏览该应用的 first.html 页面，然后改变其下拉列表中的选项，可看到依次弹出一系列的警告对话框。当弹出如图 2-3 所示对话框后，可看到服务器的控制台输出一个数字，该数字就是所选择国家的编号（second.jsp 页面的 System.out.println(id); 代码输出该编号）。

服务器的控制台输出了请求参数，这表明当 readyState 状态为 2 时，服务器可以获取到 XMLHttpRequest 发送的请求参数。也就是说，readyState 状态为 2 标志着 XMLHttpRequest 的请求发送完成。单击如图 2-3 所示对话框中的“确定”按钮，还会依次弹出 3、4 两个对话框。当单击了 4 对话框中的“确定”按钮后，不会弹出任何对话框。此时，服务器的响应已经完成。

2. status 和 statusText 属性

服务器的响应完成后，依然不能直接获取服务器响应。因为服务器响应也有很多种情况，如图 2-4 所示为常见提示页面。

图 2-3 XMLHttpRequest 对象的 readyState

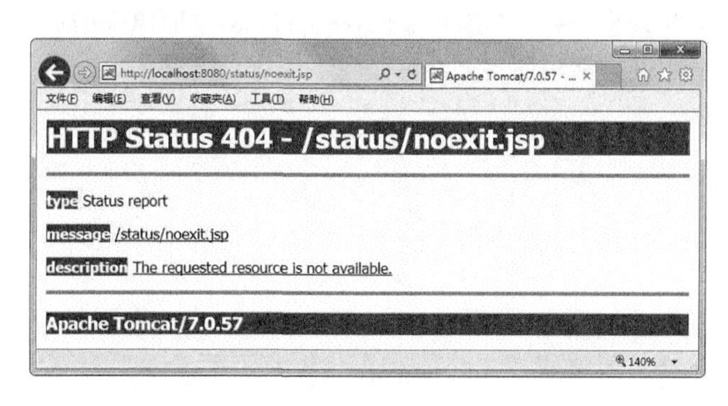

图 2-4 系统错误提示页

图 2-4 是使用浏览器访问一个并不存在的资源时服务器自动生成的错误提示页。图 2-4 所示的页面上有 HTTP Status 404 字符串，表明服务器响应的状态码为 404。404 表示资源不存在。即使资源不存在，服务器一样会生成响应。也就是说，即使程序判断 XMLHttpRequest 的 readyState 为 4，即服务器响应已经完成，从服务器获取的响应信息依然有可能是错误的。

为了判断服务器的响应是否正确，可以检测 XMLHttpRequest 的 status 或 statusText 属性。将上面 HTML 页面的回调函数改为如下形式。

```
    // XMLHttpRequest 对象状态改变时的事件处理函数
    function processResponse( )
    {
        // 当服务器响应完成时
        if(xmlrequest.readyState == 4)
        {
```

```
        // 输出服务器相应的状态码和状态提示
        alert(xmlrequest.status + "\n"
            + xmlrequest.statusText);
    }
}
```

上面的回调函数表明，当服务器响应完成时，将通过警告对话框输出服务器响应的状态码和状态提示。为了让服务器响应生成错误信息，将 second.jsp 页面修改成如下形式，该页面中的粗体字代码将引发空指针异常。

```
<%@ page contentType="text/html; charset=GBK" language="java" %>
<%
// 定义一个空字符串
String a = null;
// 让下面的语句引发空指针异常
out.println(a.length( ));
%>
```

再次在浏览器中浏览 first.html 页面，并改变下拉选择列表的选项，从而向服务器发送请求，在浏览器中可看到如图 2-5 所示的对话框。

如果将服务器的响应页面 second.jsp 改回原来的形式，服务器即可生成正常响应。在浏览器中发送请求，将可看到如图 2-6 所示的警告框。

图 2-5　服务器内部错误的 status 和 statusText

图 2-6　服务器正常响应的 status 和 statusText

通过检测 XMLHttpRequest 对象的 status 和 statusText 属性，即可判断服务器的响应是否正常。当服务器的响应正常时，JavaScript 才应该读取服务器响应信息，并将响应信息动态加载到目标页面。服务器常用的状态码及其对应的含义如下：

（1）200：请求已成功，请求所希望的响应头或数据体将随此响应返回。

（2）304：如果客户端发送了一个带条件的 GET 请求且该请求已被允许，而文档的内容（自上次访问以来或者根据请求的条件）并没有改变，则服务器应当返回这个状态码。

（3）400：①语义有误，当前请求无法被服务器理解，除非进行修改，否则客户端不应该重复提交这个请求；②请求参数有误。

（4）403：服务器已经理解请求，但是拒绝执行它。与 401 响应不同的是，身份验证并不能提供任何帮助，而且这个请求也不应该被重复提交。如果这不是一个 HEAD 请求，而且服务器希望能够讲清楚为何请求不能被执行，那么就应该在实体内描述拒绝的原因。当然，假如它不希望让客户端获得任何信息，服务器也可以返回一个 404 响应。

（5）404：请求失败，请求所希望得到的资源未在服务器上被发现。没有信息能够告诉用户这个状况到底是暂时的还是永久的。

（6）405：请求行中指定的请求方法不能被用于请求相应的资源。该响应必须返回一个 Allow 头信息，用以表示出当前资源能够接受的请求方法的列表。

（7）407：与 401 响应类似，只不过客户端必须在代理服务器上进行身份验证。

（8）414：请求的 URI 长度超过了服务器能够解释的长度，因此服务器拒绝对该请求提供服务。

（9）500：服务器遇到了一个未曾预料的状况，导致它无法完成对请求的处理。一般来说，这个问题都会在服务器的程序码出错时出现。

通过上面的介绍可以得到一个结论：如果想通过 JavaScript 获取服务器响应，必须先判断服务器响应是否完成。要判断服务器的响应是否完成，只需判断 XMLHttpRequest 对象的 readyState 属性即可。当 readyState 值为 4 时，代表响应完成。服务器响应完成后，还应判断服务器响应是否正确。要判断服务器响应是否正确，可通过 XMLHttpRequest 对象的 status 属性进行。当 status 值为 200 时，服务器响应正确，否则响应不正常。

2.3 服务器请求

Ajax 与传统 Web 应用的第一个区别在于发送请求的方式不同：传统 Web 应用采用表单或请求某个资源的方式发送请求；而 Ajax 则采用异步方式在后台发送请求。下面详细介绍 Ajax 发送请求的各种细节。

2.3.1 发送 GET 请求

通常情况下，GET 请求用于从服务器上获取数据，POST 请求用于向服务器发送数据。GET 请求将所有请求参数转换成一个查询字符串，并将该字符串添加到请求的 URL 之后，因而可在请求的 URL 后看到请求参数名和请求参数值。如果将某个表单的 action 属性设置为 GET，则请求会将表单中各字段的名和值转换成字符串，并附加到 URL 之后。

GET 请求传送的数据量较小，一般不能大于 2 KB。POST 传送的数据量较大，通常认为 POST 请求参数的大小不受限制，但往往取决于服务器的限制。通常来说，POST 请求的数据量总比 GET 请求的数据量大。

POST 请求则通过 HTTP POST 机制，将请求的参数以及对应的值放在 HTML Header 中传输，用户看不到明码的请求参数值。

当使用 Ajax 发送异步请求时，建议使用 POST 请求，而不是 GET 请求。发送 GET 方式的请求应注意如下两点。

（1）通过 open()方法打开与服务器的连接时，设置使用 GET 方式。

（2）如果需要发送请求参数，应将请求参数转成查询字符串，并追加到请求 URL 之后。

下面的示例应用是个级联菜单的示范，但这个级联菜单与传统级联菜单是有所区别的，区别在于：Ajax 的级联菜单无须一次将所有的菜单信息加载到页面中，而是每次改变父菜单时页面会异步地向服务器发送请求，然后再根据服务器响应来动态加载子菜单。

采用 GET 请求将父菜单的 ID 作为参数发送，下面是服务器的响应页面，此处并未让服务器响应页面从数据库读取——后台数据库访问可仿照传统 Java EE 架构。服务器响应页面的代码如下：

```
<%@ page contentType="text/html; charset=GBK" language="java" %>
<%
String idStr = (String)request.getParameter("id");
int id = idStr == null ? 1 : Integer.parseInt(idStr);
System.out.println(id);
switch(id)
{
    case 1:
        %>
        上海$广州$北京
        <%
    break;
    case 2:
        %>
        华盛顿$纽约$加州
        <%
    break;
    case 3:
        %>
        东京$大阪$福冈
        <%
    break;
}
%>
```

上面的代码作为服务器响应非常简单：先读取请求参数，当请求 id 为 1 时，返回三个中国城市；当请求 id 为 2 时，返回三个美国城市；当请求 id 为 3 时，返回三个日本城市。客户端的 HTML 页面则通过 XMLHttpRequest 向服务器发送请求，并将请求动态显示在 HTML 文档中。下面是对应的 HTML 页面的代码。

```
<body>
<select name="first" id="first" size="4"
onchange="change(this.value);">
<option value="1" selected="selected">中国</option>
<option value="2">美国</option>
<option value="3">日本</option>
</select>
<select name="second" id="second" size="4">
</select>
<script type="text/JavaScript">
  // 定义了 XMLHttpRequest 对象
```

```
var xmlrequest;
// 完成 XMLHttpRequest 对象的初始化
function createXMLHttpRequest( )
{
   if(window.XMLHttpRequest)
   {
      // DOM 2 浏览器
      xmlrequest=new XMLHttpRequest( );
   }
   else if(window.ActiveXObject)
   {
      // IE 浏览器
      try
      {
         xmlrequest=new ActiveXObject("Msxml2.XMLHTTP");
      }
      catch(e)
      {
         try
         {
            xmlrequest=new ActiveXObject("Microsoft.XMLHTTP");
         }
         catch(e)
         {
         }
      }
   }  }
// 事件处理函数，当下拉列表选择改变时，触发该事件
function change(id)
{
   // 初始化 XMLHttpRequest 对象
   createXMLHttpRequest( );
   // 设置请求响应的 URL
   var uri="second.jsp?id=" + id;
   // 设置处理响应的回调函数
   xmlrequest.onreadystatechange=processResponse;
   // 打开与服务器响应地址的连接
   xmlrequest.open("GET", uri, true);
   // 发送请求
```

```
        xmlrequest.send(null);
    }
    // 定义处理响应的回调函数
    function processResponse( )
    {
        //响应完成且响应正常
        if(xmlrequest.readyState==4)
        {
            if(xmlrequest.status==200)
            {
                // 将服务器响应以$符号分隔成字符串数组
                var cityList=xmlrequest.responseText.split("$");
                // 获取用于显示菜单的下拉列表
                var displaySelect=document.getElementById("second");
                // 将目标下拉列表清空
                displaySelect.innerHTML = null;
                // 以字符串数组的每个元素创建 option
                // 并将这些选项添加到下拉列表中
                for(var i=0 ; i<cityList.length ; i++)
                {
                    // 创建一个<option.../>元素
                    var op=document.createElement("option");
                    op.innerHTML = cityList[i];
                    // 将新的选项添加到列表框的最后
                    displaySelect.appendChild(op);
                }
            }
            else
            {
                //页面不正常
                window.alert("您所请求的页面有异常。");
            }
        }
    }
</script>
</body>
```

运行效果演示

通过上面的代码，发送 GET 方式的 Ajax 请求，并动态加载服务器响应。

在浏览器中浏览该页面，并改变第一个下拉列表框的选中项，将可以看到如图 2-7 所示的效果。

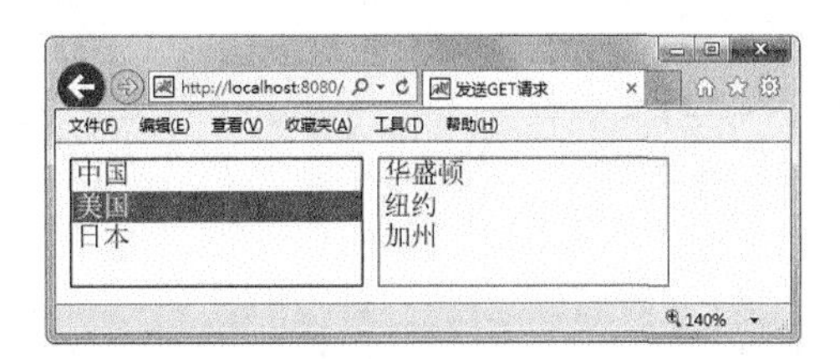

图 2-7　发送 GET 异步请求

2.3.2　发送 POST 请求

如上所述，POST 请求的适应性更广，可使用更大的请求参数，而且 POST 请求的请求参数通常不能直接看到，因此，在使用 Ajax 发送请求时，尽量采用 POST 方式而不是 GET 方式发送请求。发送 POST 请求通常需要如下三个步骤：

（1）使用 open()方法打开连接时，指定使用 POST 方式发送请求。

（2）设置正确的请求头，POST 请求通常应设置 Content-Type 请求头。

（3）发送请求，把请求参数转为查询字符串，将该字符串作为 send( )方法的参数。

对于上面的应用，同样可以采用 POST 方式来发送请求，只需更改一个请求的发送方法，如下所示。

```
// 事件处理函数，当下拉列表选择改变时，触发该事件
function change(id)
{
    // 初始化 XMLHttpRequest 对象
    createXMLHttpRequest( );
    // 设置请求响应的 URL
    var uri = "second.jsp"
    // 设置处理响应的回调函数
    xmlrequest.onreadystatechange = processResponse;
    // 设置以 POST 方式发送请求，并打开连接
    xmlrequest.open("POST", uri, true);
    // 设置 POST 请求的请求头
    xmlrequest.setRequestHeader("Content-Type"
        , "application/x-www-form-urlencoded");
    // 发送请求
    xmlrequest.send("id="+id);
}
```

其余的部分则无须改变，应用的执行效果与采用 GET 方式发送请求的效果完全一样。事实上，即使采用 POST 方式发送请求，一样可以将请求参数附加在请求的 URL 之后。代码如下：

```
// 事件处理函数，当下拉列表选择改变时，触发该事件
```

```
function change(id)
{
    // 初始化 XMLHttpRequest 对象
    createXMLHttpRequest( );
    // 设置请求响应的 URL
    var uri="second.jsp ? id="+id
    // 设置处理响应的回调函数
    xmlrequest.onreadystatechange = processResponse;
    // 设置以 POST 方式发送请求，并打开连接
    xmlrequest.open("POST", uri, true);
    // 设置 POST 请求的请求头
    xmlrequest.setRequestHeader("Content-Type"
      , "application/x-www-form-urlencoded");
    // 发送请求
    xmlrequest.send(null);
}
```

2.3.3 发送请求时的编码问题

在开发过程中，不可避免地需要发送包含非西欧字符的请求参数，而这些请求参数在传输过程中的编码将直接影响服务器的处理。如果发送的请求里不包含非西欧字符，将不会有任何问题；但一旦包含了非西欧字符的请求参数，则可能出现异常。

下面的简单应用通过文本输入框获取用户输入，然后分别使用两种方式发送请求，服务器负责获取用户请求，并将请求参数在控制台中输出。首先看服务器程序。

```
<%@ page contentType="text/html; charset=GBK" language="java" %>
<%
// 处理 POST 请求
if(request.getMethod( ).equalsIgnoreCase("POST"))
{
  request.setCharacterEncoding("UTF-8");
  System.out.println(request.getParameter("value"));
}
// 处理 GET 请求
else if(request.getMethod( ).equalsIgnoreCase("GET"))
{
  String tmp=request.getParameter("value");
  String a=new String(tmp.getBytes("ISO-8859-1") , "UTF-8");
  System.out.println(a);
}
%>
```

上面的服务器响应页面没有生成任何响应，而只是打印了 value 请求参数的值。本应用专门用于分析客户端请求参数。客户端页面提供了两种方法来发送请求，分别通过 GET 方式和 POST 方式发送请求。下面是客户端的页面代码。

```
<body>
<input id="test" name="test" type="text" size="70" />
<br/>
<input type="button" value="GET 发送"
onclick='getSend(document.getElementById("test").value)' />
<input type="button" value="POST 发送"
onclick='postSend(document.getElementById("test").value)' />
<script type="text/JavaScript">
// 保存 XMLHttpRequest 对象的变量
var xmlrequest;
function createXMLHttpRequest( )
{
  if(window.XMLHttpRequest)
  {
     // DOM 2 浏览器
     xmlrequest = new XMLHttpRequest( );
  }
     // IE 浏览器
  else if(window.ActiveXObject)
  {
     try
     {
        xmlrequest = new ActiveXObject("Msxml2.XMLHTTP");
     }
     catch(e)
     {
        try
        {
           xmlrequest = new ActiveXObject("Microsoft.XMLHTTP");
        }
        catch (e)
        {}
     }
  }
}
// 发送 POST 请求
```

```
function postSend(value)
{
  // 初始化 XMLHttpRequest 对象
  createXMLHttpRequest( );
  // 服务器的请求 URL
  var uri = "show.jsp";
  // 使用 POST 方式打开与服务器的连接
  xmlrequest.open("POST", uri, true);
  xmlrequest.setRequestHeader("Content-Type"
    , "application/x-www-form-urlencoded");
  // 发送请求
  xmlrequest.send("value="+value);
}
// 发送 GET 请求
function getSend(value)
{
  // 创建 XMLHttpRequest 对象
  createXMLHttpRequest( );
  // 设置请求的服务器程序 URL
  var uri = "show.jsp?value="+value;
  // 使用 GET 方式打开连接
  xmlrequest.open("GET", uri, true);
  // 发送请求
  xmlrequest.send(null);
}
</script>
</body>
```

上面的页面提供了两个按钮，这两个按钮分别用于发送 GET 请求和 POST 请求，单击两个按钮时分别触发 postSend( )方法和 getSend( )方法，两个请求都将使用文本页面中的文本框的值作为请求参数。图 2-8 是发送请求的页面。

在图 2-8 所示页面中输入“Ajax 程序设计”字符串，分别采用 GET 方法和 POST 方法发送请求，在 Tomcat 的控制台中可看到如图 2-9 所示的页面。

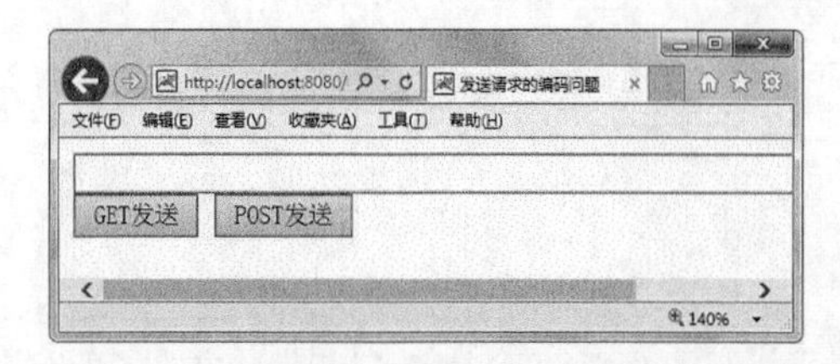

图 2-8　发送请求的页面

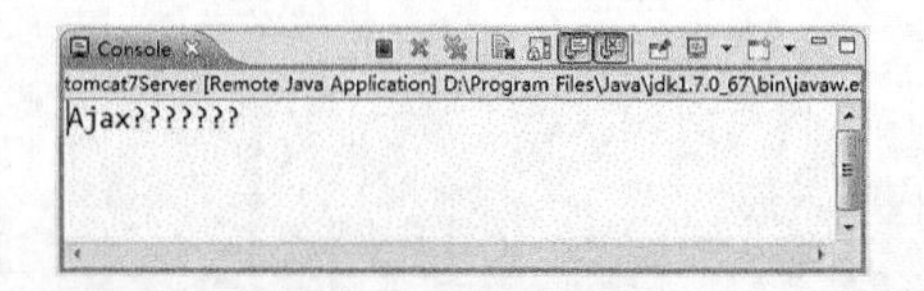

图 2-9　中文请求参数

从图 2-9 中可以看出，当使用 GET 方式发送请求时，请求参数变成了乱码。编码问题也是 Ajax 应用必须处理的问题，对于 POST 请求很好处理，异步 POST 请求默认采用 UTF-8 字符集来编码请求参数，因此只需要调用 HttpServletRequest 的 setCharacterEncoding("UTF-8") 即可解决乱码问题。服务器采用如下代码即可获得正确的 POST 请求参数。

```
if(request.getMethod( ).equalsIgnoreCase("POST"))
{
  request.setCharacterEncoding("UTF-8");
  System.out.println(request.getParameter("value"));
}
```

再次在如图 2-8 所示的文本框中输入中文字符，使用 POST 方法发送请求，可以看到 Tomcat 控制台中获得了正确的参数值；如果使用 GET 方法发送请求，请求参数值依然是乱码。

前面已经介绍过，GET 请求将请求参数和对应的值附加在请求的 URL 之后。对于中文的请求参数值，将不再以中文的方式传递，而是转码成 URL 的格式。因此，可将服务器页面修改成如下形式，对 GET 请求和 POST 请求分开处理。

```
String tmp = request.getParameter("value");
String a = new String(tmp.getBytes("ISO-8859-1") , "UTF-8");
System.out.println(a);
```

上面的代码先获取 value 请求参数，再将该参数按 ISO-8859-1 字符集编码成字节数组，然后按 UTF-8 字符集将该字节数组解码成字符串。再次在图 2-8 所示的页面中的文本框中输入“Ajax 程序设计”，单击“GET 发送”按钮，可看到控制台中出现如图 2-10 所示的输出。

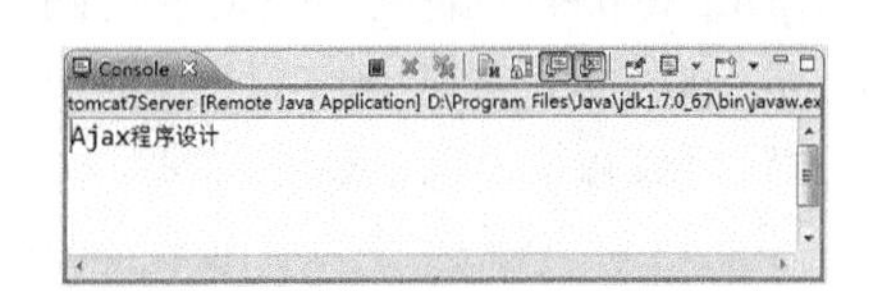

图 2-10　编码分析的 Tomcat 控制台

问题是不是得到了解决呢？如果我们将浏览器更换成 Internet Explorer，在文本框中输入“Ajax 程序设计”，然后单击“GET 发送”按钮，将看到 Tomcat 控制台中再次出现乱码。

相同的代码，使用不同的浏览器将产生不同的结果。由此可见，使用 GET 方式发送请求参数所用的字符集和客户端浏览器有关，不同浏览器在发送 GET 请求参数时使用了不同的字符集，而服务器页面进行编码时始终采用 new String(tmp.getBytes("ISO-8859- 1") , "UTF-8"); 进行解码，显然这个 UTF-8 字符集需要根据客户端浏览器进行改变。

假如将解码请求参数的代码改为 new String(tmp.getBytes("ISO-8859-1"), "GBK"); ，则在使用 Internet Explorer 发送非西欧字符请求参数时，可以在 Tomcat 控制台中看到正常字符；但使用 Firefox 发送非西欧字符请求参数时将看到乱码。

解决这个问题的唯一做法是在发送请求的 HMTL 页面中采用固定的 URL Encode，手动编码包含非西欧字符的请求参数，这样就可以控制请求，即在客户端的 HTML 页面采用如下 Java 代码。

```
//将包含非西欧字符的请求参数用 GBK 字符集进行编码
java.net.URLEncoder.encode(请求参数, "GBK");
```

然后，再在服务器端采用如下代码。

```
//使用 GBK 字符集解码请求参数
```

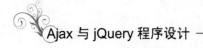

```
new String(请求参数.getBytes("ISO-8859-1"),"GBK");
```

这个过程相当烦琐，而且需要在 HTML 页面中使用 Java API，相当不合时宜。因此通常建议发送 POST 请求，尽量少使用 GET 请求，理由如下：

（1）处理 GET 请求的请求参数比较繁琐。

（2）当请求参数包含的数据太多时，GET 请求可能丢失请求参数。

（3）当两次 GET 请求的请求参数相同时，Internet Explorer 将直接使用服务器上次的缓存，根本不会重新发送请求，这对于自动刷新页面相当不利。

2.4 XMLHttpRequest 对象的运行周期

整个 Ajax 技术紧紧围绕在 XMLHttpRequest 对象周围，了解 XMLHttpRequest 对象的运行周期，就是了解 Ajax 应用的运行。

（1）Ajax 应用总是从创建 XMLHttpRequest 对象开始。XMLHttpRequest 对象的作用：运行通过客户端脚本来发送 HTTP 请求。Ajax 应用的第一步总是创建一个 XMLHttpRequest 实例，然后使用它来发送请求，这种请求可以使用 GET 方式，也可以使用 POST 方式。

（2）XMLHttpRequest 发送完之后，服务器响应何时到达？应该如何处理服务器的响应呢？Ajax 的核心对象是 XMLHttpRequest，它能触发的事件是 onreadystatechange。当 XMLHttpRequest 的状态改变时，将触发其 onreadystatechange 事件。为 XMLHttpRequest 对象的 onreadystatechange 事件指定事件处理函数，该事件处理函数就可以在 XMLHttpRequest 状态改变时被触发，这个事件处理函数也称回调函数。

（3）XML 状态改变，且 readyState 为 4 时，即表明服务器的响应已经完成，此时可以开始处理服务器响应。

（4）通过 JavaScript 的事件机制，使用事件处理函数监听 XMLHttpRequest 状态的改变，当 XMLHttpRequest 的 readyState 为 4，且 status 为 200 时，事件处理函数开始处理事件服务器响应。

（5）进入事件处理函数后，XMLHttpRequest 依然不可或缺，事件处理函数必须借助于 XMLHttpRequest 来获取服务器响应，调用 responseText 方法或者 responseXML 方法获取服务器的响应。至此，XMLHttpRequest 对象的运行周期结束。

（6）JavaScript 通过 DOM 操作将服务器响应动态地加载到 XHTML 页面中。

从发送 HTTP 请求，到监控服务器的响应状态，再到获取服务器响应数据，XMLHttpRequest 对象一直是 Ajax 技术的灵魂。

图 2-11 显示了 XMLHttpRequest 的运行周期。

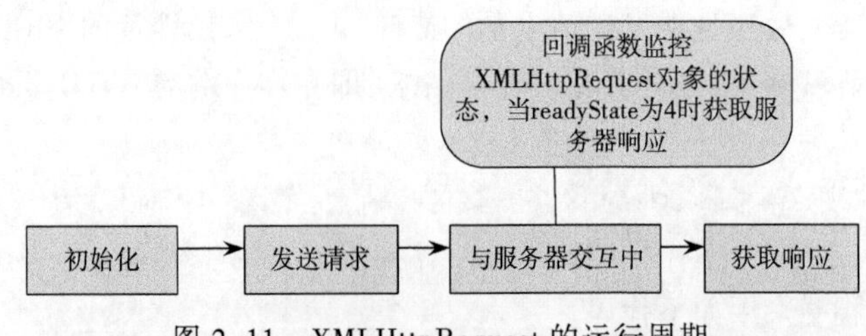

图 2-11　XMLHttpRequest 的运行周期

小　　结

本章主要介绍了 Ajax 核心技术的 XMLHttpRequest 对象，介绍了 XMLHttpRequest 的创建，包括在不同浏览器中创建 XMLHttpRequest 对象的代码；详细介绍了 XMLHttpRequest 对象的常用属性，包括 onreadystatechange、readyState、status、statusText、responseText 和 responseXML，掌握这些属性是使用 XMLHttpRequest 对象的基础；详细介绍了 XMLHttpRequest 对象的各种方法，这些方法也是 Ajax 编程的基础。

本章重点介绍了如何使用 XMLHttpRequest 发送请求，包括如何发送不带参数的简单请求，发送 GET 请求、POST 请求；请求发送出去之后，程序还需要监控 XMLHttpRequest 对象来决定处理响应的时机；当服务器响应到来时，使用 XMLHttpRequest 对象的 responseText 或 responseXML 可获取服务器响应，再使用 DOM 操作将服务器响应动态加载在当前页面上。

习　　题

完成无页面刷新的登录过程：把之前需要通过表单登录的过程改为无刷新直接更改为登录成功的过程（登录名为中文时，也可正常登录）。

虚拟机实时迁移

学习目标

了解：Ajax 在实际应用中的一些使用技巧。
理解：处理 XML 和 JSON 复杂数据的方法。
掌握：Ajax 在具体应用中的步骤与方法。

3.1 注册表单验证

网站在注册新用户的过程中，需要验证很多内容，如用户名是否已存在、E-mail 是否已被人使用、验证码是否正确等。传统方式是使用客户端 JavaScript 做初步验证，用户提交表单后在服务器端做进一步验证。如果用户输入的内容有错误，会返回注册页面，提示用户修改。使用 Ajax 技术后，很多原来必须提交到服务器才能验证的内容，可以在不刷新页面的情况下直接验证。本实例就演示了这个过程，实例运行效果如图 3-1 所示。

注册页面校验

3.1.1 技术要点

本实例中要验证的内容有用户名、密码、E-mail 和验证码 4 部分内容，但从技术实现上主要有 3 种形式，下面一一介绍。

1. 验证用户名和 E-mail 是否已存在

在用户输入用户名或 E-mail 之后，使用 XMLHttpRequest 对象将用户输入的信息发送给服务器。服务器判断是否存在同名用户或 E-mail 地址。验证完毕后将信息反馈给客户端，由客户端显示验证结果。这样，用户在未提交整个表单前，就可以知道输入的用户名或 E-mail 是否可以使用。

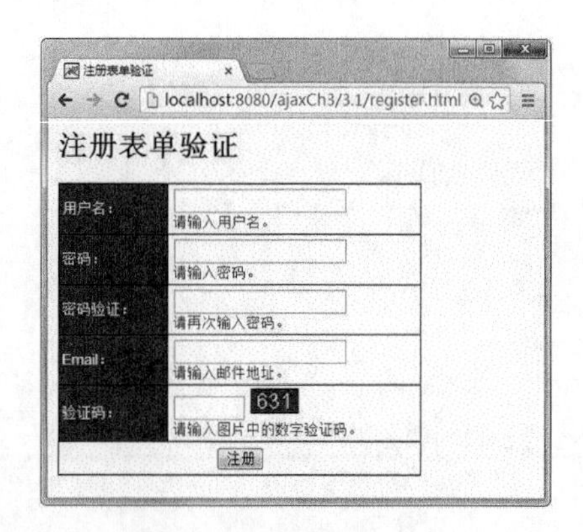

图 3-1 实例运行效果

2. 密码验证

密码验证比较简单，不需要到服务器判断。只需在客户端对两次输入的密码进行比对，当输入一致时通过验证，否则提示用户密码有误。

3. 生成验证码与校验过程

验证码主要是防止恶意用户使用工具自动进行批量注册，抢占用户名。其基本原理是在服务器生成一个随机数字，并将其放入用户 session 中。客户端显示使用该随机数字生成的图片，用户按照图片内容输入验证码。最后，将用户的输入与 session 中的验证码进行比对，如果一致则验证成功。本例中使用 Java 类库中图像 API 生成包含三位数字验证码的 PNG 格式图片。具体代码可参考 3.1.5 节的 code.jsp。

4. **将验证函数封装在 Checker 对象中**

以上 3 种方式的验证函数都封装在一个 Checker 对象中。里面包含的 checkNode()函数对应用户名和 E-mail 验证，以及验证码校验。CheckPassword()函数对应密码验证。所有的验证结果第一个字符是数字 0 或 1，分别表示验证失败或成功。后面紧跟验证结果的详细文字说明。ShowInfo()函数根据验证结果进行不同样式的显示。

3.1.2 数据库设计

本实例使用名为 users 的数据库表，包含的数据如图 3-2 所示。具体的创建数据表语句如下：

```
CREATE TABLE 'users' (
    'id' int(11) NOT NULL auto_increment,
    'username' varchar(255) NOT NULL,
    'password' varchar(255) NOT NULL,
    'E-mail' varchar(255) NOT NULL,
    PRIMARY KEY ('id')
)
```

本实例共包括 4 个文件：用户操作界面 register.html、服务器端响应文件 checker.jsp、验证码图片生成文件 code.jsp 和 JavaScript 文件 checker.js。

id	username	password	email
1	admin	123456	admin@foo.org
2	ajax	ajax	ajax@foo.org
3	tom	tom1234	tom223@foo.org
4	bob	kkkk	wfsd@foo.org
5	cooler	cool	tx123@foo.org

图 3-2　表 users 包含的数据

3.1.3 用户操作界面 register.html

页面包含操作界面样式以及注册表单。表单中各元素通过 onblur（失去焦点）事件触发验证函数。每个表单元素对应一个 div，用于显示验证结果。

```
<!DOCTYPE html PUBLIC "-//W3C//DTD HTML 4.01 Transitional//EN">
<html>
<head>
<meta http-equiv="Content-type" content="text/html; charset=utf-8">
<title>注册表单验证</title>
<style type="text/css">
/* 页面字体样式 */
body, td, input {
    font-family:Arial;
    font-size:12px;
}
```

```
    /* 表格基本样式 */
    table.default {
        border-collapse:collapse;
        width:300px;
    }
    /* 表格单元格样式 */
    table.default td {
        border:1px solid black;
        padding:3px;
    }
    /* 列头样式 */
    table.default td.item {
        background:#006699;
        color:#fff;
    }
    /* 正常信息样式 */
    div.ok {
        color:#006600;
    }
    /* 警告信息样式 */
    div.warning {
      color:#FF0000;
    }
    </style>
    <!-- 引入外部 checker.js 文件 -->
    <script type="text/JavaScript" src="checker.js"></script>
    </head>
    <body>
    <h1>注册表单验证</h1>
    <form method="post" action="register.jsp"
    onsubmit="alert('后面的注册过程与传统方式相同。');return false">
    <table class="default">
    <tr>
    <td class="item" width="30%">用户名: </td>
    <td width="70%">
    <input   type="text"   name="username"   id="username"   onblur="Checker.
checkNode(this)">
    <div id="usernameCheckDiv" class="warning">请输入用户名。</div>
    </td>
```

```
    </tr>
    <tr>
    <td class="item">密码: </td>
    <td>
    <input type="password" name="password" id="password" onblur="Checker.
checkPassword( )">
    <div id="passwordCheckDiv" class="warning">请输入密码。</div>
    </td>
    </tr>
    <tr>
    <td class="item">密码验证: </td>
    <td>
    <input type="password" name="password2" id="password2" onblur="Checker.
checkPassword( )">
    <div id="password2CheckDiv" class="warning">请再次输入密码。</div>
    </td>
    </tr>
    <tr>
    <td class="item">E-mail: </td>
```

3.1.4　服务器端响应程序

服务器端响应文件主要包含两类验证，根据用户提交的表单元素名确定验证方式。表单元素名如果是 userName 或 E-mail，则进行数据查询，判断是否存在相同信息。如果是 code，则直接通过对比 session 中的验证码进行判断。

```
    import java.io.IOException;
    import java.io.PrintWriter;
    import java.sql.*;
    import javax.servlet.ServletException;
    import javax.servlet.http.HttpServlet;
    import javax.servlet.http.HttpServletRequest;
    import javax.servlet.http.HttpServletResponse;
    import com.util.DBconnection;
    public class registerServlet extends HttpServlet {
        public boolean hasSameValue(String name, String value)
        {
           boolean result = false;                //保存检测结果
           String sql = "select * from users where " + name + " = ?";
           //定义查询数据库的SQL语句
           Connection conn = null;                //声明Connection对象
```

```
        PreparedStatement pstmt = null;       //声明 PreparedStatement 对象
        ResultSet rs = null;                  //声明 ResultSet 对象
        try {
            conn = DBconnection.getConnection( );    //获取数据库连接
            pstmt = conn.prepareStatement(sql);
            //根据 sql 创建 PreparedStatement
            pstmt.setString(1, value);            //设置参数
            rs = pstmt.executeQuery( );           //执行查询，返回结果集
            //根据结果集是否存在决定查询结果
            if(rs.next( )) {
                result = true;
            } else {
                result = false;
            }
        } catch(SQLException e) {
            System.out.println(e.toString( ));
        } finally {
            DBconnection.closeResultSet(rs);        //关闭结果集
            DBconnection.closeStatement(pstmt);     //关闭 Statement
            DBconnection.closeCon(conn);            //关闭连接
        }
        return result;
    }
    public void doGet(HttpServletRequest request, HttpServletResponse
response) throws ServletException, IOException {
    response.setContentType("text/html");
    PrintWriter out = response.getWriter( );
    request.setCharacterEncoding("UTF-8");
    //设置请求字体字符编码格式为 UTF-8
    String name = request.getParameter("name");    //获取 name 参数
    String value = request.getParameter("value"); //获取 value 参数
    String info = null;                            //用于保存提示对象的名称
        //如果需要判断的是验证码，采用 session 方式验证
    if("code".equals(name)) {
        String sessionCode = (String)request.getSession( ).getAttribute
("_CODE_");
        //获取 session 中保存的验证码
        //根据对比结果输出响应信息
```

```
                if(value != null && value.equals(sessionCode)) {
                    out.print("1 验证码正确。");
                } else {
                    out.print("0 验证码错误。");
                }
            } else {
                //根据 name 变量确定提示对象的名称
                if("username".equals(name)) {
                    info = "用户名";
                } else if("email".equals(name)) {
                    info = "邮件地址";
                }
                //根据是否存在相同信息输出对应的响应
                if(hasSameValue(name, value)) {
                    out.print("0 该" + info + "已存在，请更换" + info + "。");
                } else {
                    out.print("1 该" + info + "可正常使用。");
                }
            }
            out.flush( );
            out.close( );
    }
    public void doPost(HttpServletRequest request, HttpServletResponse
response)
    throws ServletException, IOException {
        doGet(request, response);
    }
}
```

3.1.5　验证码生成文件 code.jsp

生成验证码要注意页首 contentType 的设置为 image/png。主要使用了 awt 组件和 imageio 组件中相关的 API 进行图片生成，随机数是使用 java.util.Random 类生成的。详细的过程参考以下代码：

```
    <%@ page contentType="image/png" import="java.awt.*,java.awt.image.*,
java.util.*,javax.imageio.*" %><%
    //设置页面不缓存
    response.setHeader("Pragma","No-cache");
    response.setHeader("Cache-Control","no-cache");
    response.setDateHeader("Expires", 0);
```

```
    int width=40; //设置图片宽度
    int height=20; //设置图片高度
    //创建缓存图像
    BufferedImage image = new BufferedImage(width, height, BufferedImage.
TYPE_INT_RGB);
    Graphics g = image.getGraphics( ); //获取图形
    g.setColor(new Color(000, 102, 153)); //设置背景色
    g.fillRect(0, 0, width, height); //填充背景
    g.setColor(new Color(000, 000, 000)); //设置边框颜色
    g.drawRect(0, 0, width-1, height-1); //绘制边框
    g.setFont(new Font("Arial", Font.PLAIN, 16)); //设定字体
    Random random = new Random( ); //生成随机类
    //随机产生 3 位数字验证码
    StringBuffer sbRan = new StringBuffer( ); //保存验证码文本
    for(int i=0; i<3; i++){
         String ranNum = String.valueOf(random.nextInt(10));
         sbRan.append(ranNum);
         //将验证码绘制到图像中
         g.setColor(new Color(255, 255, 255));
         g.drawString(ranNum, 10 * i + 5, 16);
    }
    g.dispose( ); //部署图像
    session.setAttribute("_CODE_", sbRan.toString()); //将验证码保存在 session
对象中供对比
    ImageIO.write(image, "PNG", response.getOutputStream( ));//输出图像到页面
    %>
```

3.1.6 JavaScript 文件 checker.js

所有的验证函数都封装在一个名为 Checker 对象中，独立存在于 checker.js 文件里。函数调用流程如图 3-3 所示。

```
    var Checker = new function( ) {
      this._url = "checker.jsp"; //服务器端文件地址
      this._infoDivSuffix = "CheckDiv"; //提示信息 div 的统一后缀
      //检查普通输入信息
      this.checkNode = function(_node) {
         var nodeId = _node.id; //获取结点 id
         if(_node.value!="") {
           var xmlHttp=this.createXmlHttp( ); //创建 XmlHttpRequest 对象
```

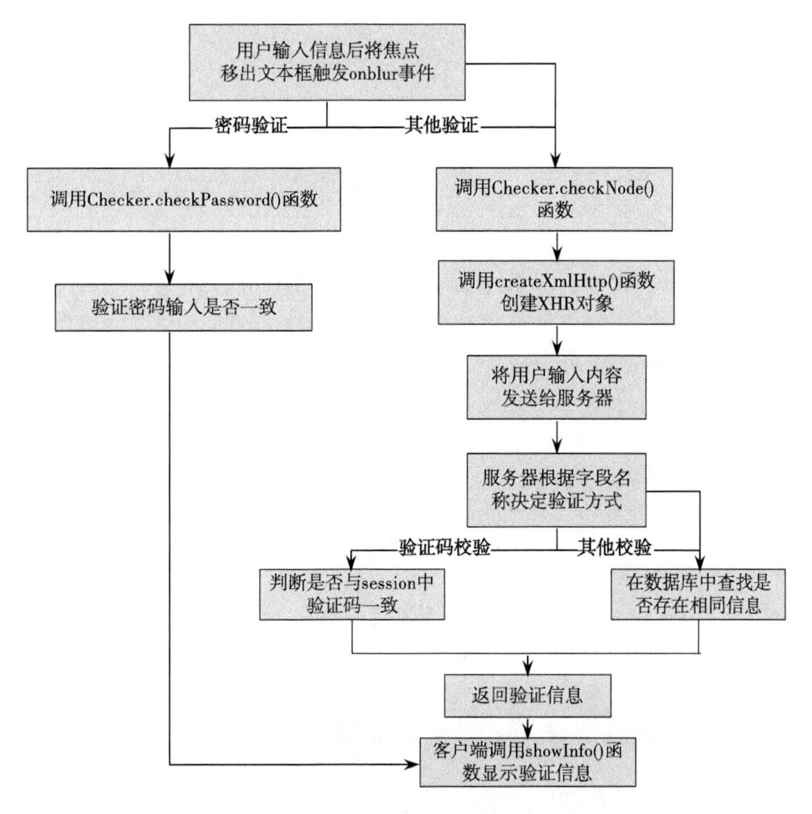

图 3-3 函数调用流程

```
        xmlHttp.onreadystatechange = function( ) {
           if(xmlHttp.readyState == 4) {
              //调用 showInfo 方法显示服务器反馈信息
              Checker.showInfo(nodeId + Checker._infoDivSuffix,
              xmlHttp.responseText);
        }
        }
        xmlHttp.open("POST", this._url, true);
        xmlHttp.setRequestHeader(
        "Content-type","application/x-www-form-urlencoded");
        xmlHttp.send("name=" + encodeURIComponent(_node.id) +
        //发送包含用户输入信息的请求体
        "&value=" + encodeURIComponent(_node.value));
   }
}
//显示服务器反馈信息
this.showInfo = function(_infoDivId, text) {
  var infoDiv = document.getElementById(_infoDivId); //获取显示信息的 div
```

```
    var status = text.substr(0,1); //反馈信息的第一个字符表示信息类型
    if(status == "1") {
       infoDiv.className = "ok"; //检查结果正常
    } else {
       infoDiv.className = "warning"; //检查结果需要用户修改
    }
    infoDiv.innerHTML = text.substr(1); //写回详细信息
 }
 //用于创建 XMLHttpRequest 对象
    this.createXmlHttp = function( ) {
    var xmlHttp = null;
    //根据 window.XMLHttpRequest 对象是否存在使用不同的创建方式
    if(window.XMLHttpRequest) {
       xmlHttp = new XMLHttpRequest( );
       //FireFox、Opera 等浏览器支持的创建方式
    } else {
       xmlHttp = new ActiveXObject("Microsoft.XMLHTTP");
       //IE 浏览器支持的创建方式
    }
    return xmlHttp;
 }
 //检查两次输入的密码是否一致
 this.checkPassword = function( ) {
    var p1 = document.getElementById("password").value; //获取密码
    var p2 = document.getElementById("password2").value; //获取验证密码
    //当两部分密码都输入完毕后进行判断
    if(p1 != "" && p2 != "") {
       if(p1 != p2) {
          this.showInfo("password2" + Checker._infoDivSuffix,
          "0 密码验证与密码不一致。");
       } else {
          this.showInfo("password2" + Checker._infoDivSuffix, "1");
       }
    } else if (p1 != null) {
       this.showInfo("password" + Checker._infoDivSuffix, "1");
    }
 }
}
```

表单验证在网站中是很常见的内容，可以说只要是用到表单的地方，十有八九需要进行

内容验证。当遇到需要提交给服务器才能验证的字段时，使用 Ajax 技术是一个非常好的选择。本实例虽然只讲解了用户注册的表单验证，但其基本思想和实现技术可以推广到各种类型的表单验证中去。

3.2　根据邮编获取地区信息

在很多系统中，需要用户填写个人资料，其中包含地区、城市、邮政编码等信息。而邮政编码本身包含了地区和城市信息，所以可以利用此规则简化操作。用户只需要输入邮政编码，系统就会根据邮政编码自动取得地区信息。这样做使得用户可以获得更好的使用体验，也可以减少错误的发生。实例运行效果如图 3–4 所示。

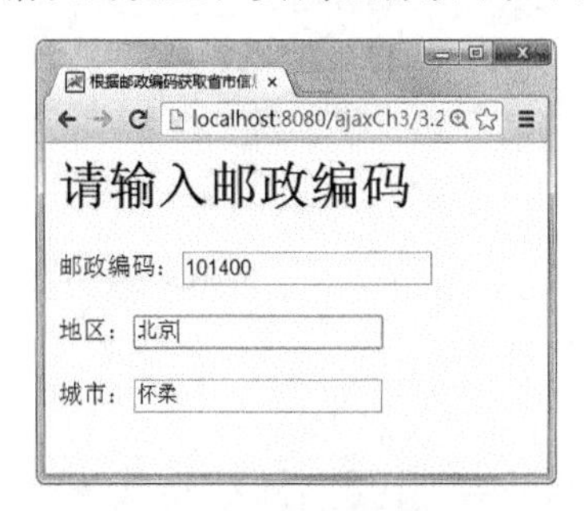

图 3–4　实例运行效果

根据邮编获取城市信息

3.2.1　技术要点

要实现自动获取地区信息，主要考虑 3 个问题：邮编正确性的保证、触发自动获取的时机和返回信息的格式。

1. 利用 onkeypress 事件检查输入的字符

邮编均由数字组成，为了保证用户不输入数字以外的内容，可以利用 onkeypress 事件进行检查。当用户在邮编文本框中输入字符时，触发该事件。通过在触发函数中调用 event.keyCode 属性判断按键 keyCode 的值是否处于 48～57 之间（对应数字为 0～9）。如果在范围之外，则说明输入的不是数字，可通过设置 event.returnValue = false 使本次按键事件失效。这样就可以保证用户输入的字符均为数字。

2. 用户将焦点移出邮编文本框时自动获取地区信息

当用户将邮编输入完毕后，会将焦点移出邮编所在的文本框，此时可通过 onblur 事件触发 getPostalCode ()函数以获取地区信息。在向服务器发送请求之前，先判断用户输入的邮编是否是 6 位数字。如果数字位数不正确，则不需要向服务器发出请求。

3. 将地区和城市信息作为一个字符串返回给客户端

根据邮政编码的前 4 位即可判断出地区和城市的信息，所以在服务器端可以先使用全部 6 位编码进行查找。找到信息后可直接返回，如果没有找到，可取前 4 位后补 00 继续查找。查找结束后，返回的信息利用“|”作为地区和城市的分隔符，在客户端使用 split("|")方法再对字符串进行分隔即可。如果无法通过邮政编码查找到地区信息，服务器将返回一个空字符串，客户端接收到以后不需要做任何操作，此时用户可以自行输入地区和城市信息。

3.2.2 数据库设计

本实例使用名为 postalcode 的数据库表，包含的部分数据如图 3-5 所示。具体的创建数据表语句如下：

id	area	city	code
1	北京	北京	100000
2	北京	通县	101100
3	北京	昌平	102200
4	北京	大兴	102600
5	北京	密云	101500
6	北京	延庆	102100
7	北京	顺义	101300
8	北京	怀柔	101400
9	北京	平台	101200
10	上海	上海	200000
11	上海	上海县	201100

图 3-5 表 postalcode 的部分数据

```
CREATE TABLE 'postalcode' (
  'id' int(11) NOT NULL AUTO_INCREMENT,
  'area' varchar(255) NOT NULL,
  'city' varchar(255) NOT NULL,
  'code' varchar(6) NOT NULL,
  PRIMARY KEY ('id')
) ENGINE=InnoDB AUTO_INCREMENT=2295 DEFAULT CHARSET=utf8 ROW_FORMAT=
REDUNDANT COMMENT='1.2';
```

3.2.3 用户操作界面 postalcode.html

页面中包含 3 个文本框，分别表示邮政编码、地区和城市信息。当用户输入邮政编码后，系统将自动从服务器读取地区和城市信息，填充到对应文本框中。详细的函数说明请参考代码中的注释。

```
<!DOCTYPE html PUBLIC "-//W3C//DTD HTML 4.01 Transitional//EN">
<head>
<title>根据邮政编码获取地区和城市信息</title>
<meta http-equiv="Content-type" content="text/html; charset=utf-8">
<script type="text/JavaScript">
var xmlHttp; //用于保存 XMLHttpRequest 对象的全局变量
//用于创建 XMLHttpRequest 对象
function createXmlHttp( ) {
  //根据 window.XMLHttpRequest 对象是否存在使用不同的创建方式
  if(window.XMLHttpRequest) {
     xmlHttp = new XMLHttpRequest( );
     //FireFox、Opera 等浏览器支持的创建方式
  } else {
     xmlHttp = new ActiveXObject("Microsoft.XMLHTTP");
     //IE 浏览器支持的创建方式
  }
}
//仅允许输入数字
function checkNumber( ) {
  //判断输入字符的 keyCode，数字在 48～57 之间，超出部分返回 false
  if ((event.keyCode >= 48) && (event.keyCode <= 57)) {
     event.returnValue = true;
```

```
        } else {
            event.returnValue = false;
        }
    }
    //获取地区信息的调用函数
    function getPostalCode( ) {
      var pCodeValue = document.getElementById("postalCode").value;
                                                        //获取输入的邮政编码
      //当输入的邮编长度刚好等于 6 时，利用 XmlHttpRequest 对象向服务器发出异步请求
      if (pCodeValue.length == 6) {
         createXmlHttp( ); //创建 XmlHttpRequest 对象
         xmlHttp.onreadystatechange = writeAreaInfo;
         xmlHttp.open("GET",  "postalcode.jsp?postalCode="  +  pCodeValue,
true);
         xmlHttp.send(null);
      }
    }
    //获取地区信息的回调函数
    function writeAreaInfo( ) {
      if(xmlHttp.readyState == 4) {
         var areaInfo = xmlHttp.responseText; //取得地区信息
         //当地区信息包含数据时将信息写回到文本框中
         if(areaInfo != "") {
            //将地区信息用“|”分隔成数组
            var infoArray = areaInfo.split("|");
            //数组第一部分写入 area 文本框
            document.getElementById("area").value = infoArray[0];
            //数组第二部分写入 city 文本框
            document.getElementById("city").value = infoArray[1];
         }
      }
    }
    </script>
    </head>
    <body>
    <h1>请输入邮政编码</h1>
    <p>邮政编码: <input type="text" id="postalCode" onkeypress="checkNumber( )"
onblur="getPostalCode( )"></p>
    <p>地区: <input type="text" id="area"></p>
```

```
<p>城市：<input type="text" id="city"></p>
</body>
</html>
```

3.2.4 服务器端响应文件 postalServlet.java

```
public class postalServlet extends HttpServlet {
  public String getAreaInfo(String postalCode) {
       String areaInfo = null;
       String sql = "select * from postalcode where code like ?";
                                                //定义查询数据库的 SQL 语句
       Connection conn = null;                  //声明 Connection 对象
       PreparedStatement pstmt = null;          //声明 PreparedStatement 对象
       ResultSet rs = null;                     //声明 ResultSet 对象
       try {
          conn = DBconnection.getConnection( );  //获取数据库连接
          pstmt = conn.prepareStatement(sql);//根据 sql 创建 PreparedStatement
          pstmt.setString(1, postalCode);        //设置参数
          rs = pstmt.executeQuery( );            //执行查询，返回结果集
          if(rs.next( )) {
             areaInfo = rs.getString("area") + "|" + rs.getString("city");
          } else {
             rs.close( );
             //如果没有查询到地区信息，取邮编前 4 位补 00 继续查询
             pstmt.setString(1, postalCode.substring(0,4) + "00");
             rs = pstmt.executeQuery( );
             if(rs.next( )) {
                areaInfo = rs.getString("area") + "|" + rs.getString
("city");
             }
          }
       } catch (SQLException e) {
          System.out.println(e.toString( ));
       } finally {
          DBconnection.closeResultSet(rs);          //关闭结果集
          DBconnection.closeStatement(pstmt);   //关闭 PreparedStatement
          DBconnection.closeCon(conn);           //关闭连接
       }
       return areaInfo;
   }
   public void doGet(HttpServletRequest request, HttpServletResponse
response)
   throws ServletException, IOException {
```

```
        response.setContentType("text/html;charset=utf-8");
        PrintWriter out = response.getWriter( );
        String postalCode = request.getParameter("postalCode");
    //获取邮政编码
        String areaInfo = getAreaInfo(postalCode);  //根据邮政编码获取地区信息
        //如果获取失败，发回的响应将不包含任何内容
        if(areaInfo == null)
        {
          out.print("");
        } else {
          out.print(areaInfo);
        }
        out.flush( );
        out.close( );
      }
      public  void  doPost(HttpServletRequest  request,  HttpServletResponse
response)
      throws ServletException, IOException {
          doGet(request, response);
      }}
```

本实例利用 Ajax 改善了用户体验，在保证业务正确的前提下，充分利用系统的规则减少了用户的输入操作。同时使用了判断 event.keyCode 的方法检验输入的字符是否属于数字。数据库中大量的邮编信息来自网络，未对其准确性进行一一验证，在正式应用中应仔细审查。

3.3　搜索提示模拟

搜索提示最经典的应用就是 Google Suggest，现今百度搜索也同样采用了这样的模式。当用户搜索信息时，系统根据用户输入的文本，自动提示相关的关键词。当关键词列表中包含用户要搜索的目标关键词时，只需选定该词即可完成输入。这样就节省了用户的输入时间。该功能可以扩展到很多应用中去，如输入邮件地址的部分字母、自动提示完整的邮件地址等。这些应用可以统称输入内容前提示，本实例就讲解了其具体的实现方法。实例运行效果如图 3-6 所示。

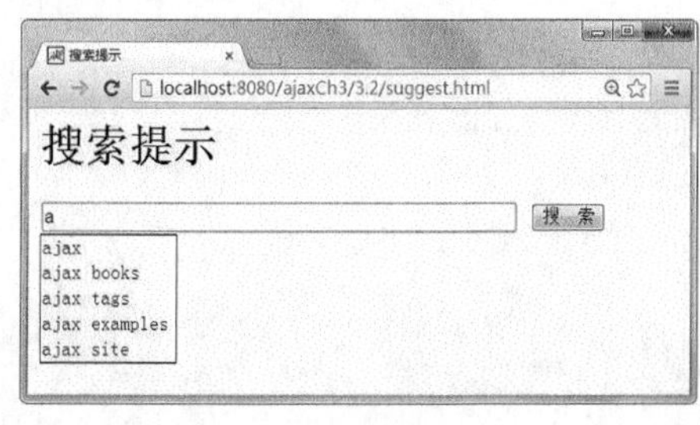

图 3-6　实例运行效果

搜索提示模拟

3.3.1 技术要点

要做到针对输入内容进行提示，主要包含两个方面的要点：一方面是采用合适的机制在适当的时候向服务器提交请求；另一方面是获得服务器反馈后动态地创建提示信息。

1. **使用定时监控的方式检查用户输入**

一种简单的处理方式是每当用户输入一个字符时，将用户当前的输入信息提交给服务器获取提示信息。用户的输入可能包含很多字符，这样做会向服务器提交大量的请求，而只有最后一个请求才是真正有用的请求。

可以从另一个角度思考，用户在快速输入前几个字符时，并不需要系统进行提示，当输入暂停时，用户才可能需要系统提示更多的信息。如何才能判断用户暂停了输入呢？解决方案是定时监控：每隔一段时间（本实例设置为 200 毫秒）检查用户文本框中包含的内容。另外，设置一个计数器，当两次检查的内容一致时，计数器增加 1，内容不同时则计数器重置为 1。如果计数器累计到 3，说明连续三次检查用户的输入信息没有变化，由此可以认定用户已经暂停了输入，此时就是向服务器提交请求的最好时机。相关代码如下：

```
var currentInfo = "";                //用于保存当前用户输入的信息
var counter = 1;                     //读取信息计数器
var isReading = true;                //是否处于监视用户输入状态
//用于创建 XMLHttpRequest 对象
function createXmlHttp( ) {
    //根据 window.XMLHttpRequest 对象是否存在使用不同的创建方式
    if(window.XMLHttpRequest) {
       xmlHttp = new XMLHttpRequest( );//FireFox、Opera 等浏览器支持的创建方式
    } else {
       xmlHttp = new ActiveXObject("Microsoft.XMLHTTP");//IE 浏览器支持的创
建方式
    }
}
//读取用户输入信息
function readInfo( ) {
    var info = document.getElementById("info").value;
    /*
      当用户信息没有变化并且非空时，计数器加 1
      否则更新 currentInfo 变量为用户当前输入，重置计数器
    */
    if(currentInfo==info && info!="") {
       counter++;
    } else {
       currentInfo = info;
       counter = 1;
```

```
    }
  //当计数器累计到 3 时，如果用户信息仍没有变化，表示用户已停止输入，否则继续监视
    if(counter==3) {
        getSuggest(info);                //向服务器获取提示信息
        isReading = false;               //设置监视标记为 false
    } else {
        setTimeout("readInfo( )", 200);//200 毫秒后再次读取用户输入的信息
    }
}
```

2. **动态创建提示信息**

用户输入部分字符后，可能会返回一批相关的信息，本例中服务器响应文件使用“|”符号分隔各条消息。当用户输入“a”字符后，系统提示信息将返回如下内容：

```
ajax|ajax books|ajax tags|ajax examples|ajax site
```

客户端将响应信息拆分为数组，循环创建 div，创建结果如下：

```
<div class="out" onmouseover="this.className='over' "   onmouseout="this.
className='out' "onclick="SetSuggest(this) ">ajax</div>
<div class="out" onmouseover="this.className='over' "   onmouseout="this.
className='out' " onclick="SetSuggest(this) ">ajax books</div>
<div class="out" onmouseover="this.className='over' "   onmouseout="this.
className='out' " onclick="SetSuggest(this) ">ajax tags</div>
<div class="out" onmouseover="this.className='over' "   onmouseout="this.
className='out' " onclick="SetSuggest(this) ">ajax examples</div>
<div class="out" onmouseover="this.className='over' "   onmouseout="this.
className='out' " onclick="SetSuggest(this) ">ajax site</div>
```

最后将新创建的内容追加到用于显示提示信息的 div 中去即可。完成这些功能的代码如下：

```
//向服务器获取提示信息
function getSuggest(info) {
    createXmlHttp( );                           //创建 XMLHttpRequest 对象
    xmlHttp.onreadystatechange = showSuggest; //设置回调函数
    xmlHttp.open("GET", "suggestServlet?info=" + encodeURI(info), true);
    xmlHttp.send(null);
}
//处理服务器返回信息
function showSuggest( ) {
    if(xmlHttp.readyState == 4) {
        clearSuggest( );                        //清除现有提示信息
        var suggestsText = xmlHttp.responseText;
```

```
        //如果服务器返回信息不为空则创建新的 suggest
        if(suggestsText != "") {
        var suggests = suggestsText.split("|");  //使用“|”分隔提示信息
            //循环遍历提示信息数组
            for(var i=0; i<suggests.length; i++) {
                createSuggest(suggests[i]);        //创建每条提示信息
            }
            displaySuggest( );                     //显示提示信息
        } else {
            hiddenSuggest( );                      //隐藏提示信息
        }
    }
}
//创建提示信息结点
function createSuggest(text) {
    var sDiv = "<div class='out' onmouseover=\"this.className='over'\"" +
" onmouseout = \"this.className='out'\" onclick='setSuggest(this)'>" + text
+ "</div>";
    document.getElementById("suggest").innerHTML += sDiv;
                                              //将新建结点加入 suggest div
}
```

列出提示信息后，用户可能发现其中包含自己需要的信息。此时用户可使用鼠标单击信息，触发 setSuggest()函数将信息内容写入文本框中。

3. **重新激活定时监控**

当用户暂停输入后，客户端向服务器自动发送请求，同时停止对文本框的定时监控。如果用户对提示的信息不满意，可能会更改文本框中的内容。此时需要重新激活定时监控机制，保证对用户新输入的内容做出响应。可以通过在文本框上增加 onkeyup="resetReading( )"设置用户按键结束时重新进入监控状态。为了保证不重复监控，设置了一个全局变量 isReading 保持当前状态是否为监控状态。相关代码如下：

```
var isReading = true;           //是否处于监视用户输入状态
//当用户再次键入信息时，调用此函数重新打开监视状态
function resetReading( ) {
    if(!isReading) {
        isReading = true;
        readInfo( );            //开始监视用户文本框
    }
}
```

3.3.2 数据库设计

本实例使用名为 suggest_info 的数据库表，包含的数据如图 3-7 所示。具体的创建数据库表语句如下：

```
    CREATE TABLE 'suggest_info' (
      'id' int(10) unsigned NOT NULL,
      'info' varchar(45) NOT NULL,
      PRIMARY KEY ('id')
    ) ENGINE=InnoDB DEFAULT CHARSET=utf8 ROW_FORMAT=
REDUNDANT COMMENT='2.2';
```

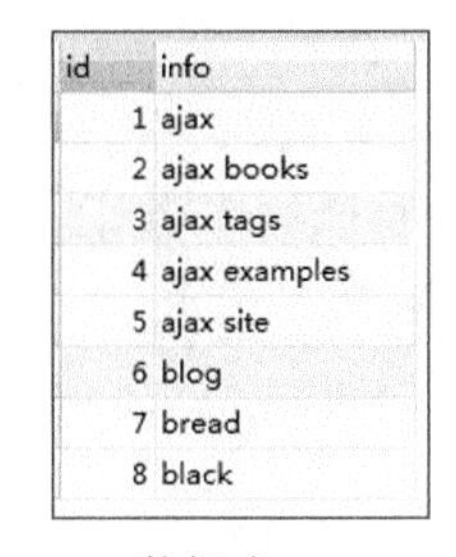

id	info
1	ajax
2	ajax books
3	ajax tags
4	ajax examples
5	ajax site
6	blog
7	bread
8	black

图 3-7 数据表 suggest_info 包含的数据

3.3.3 客户端页面

用户界面文件中包括样式表、相关函数、用户输入文本框和提示信息用的隐藏、div 等内容。详细的函数调用过程如图 3-8 所示。

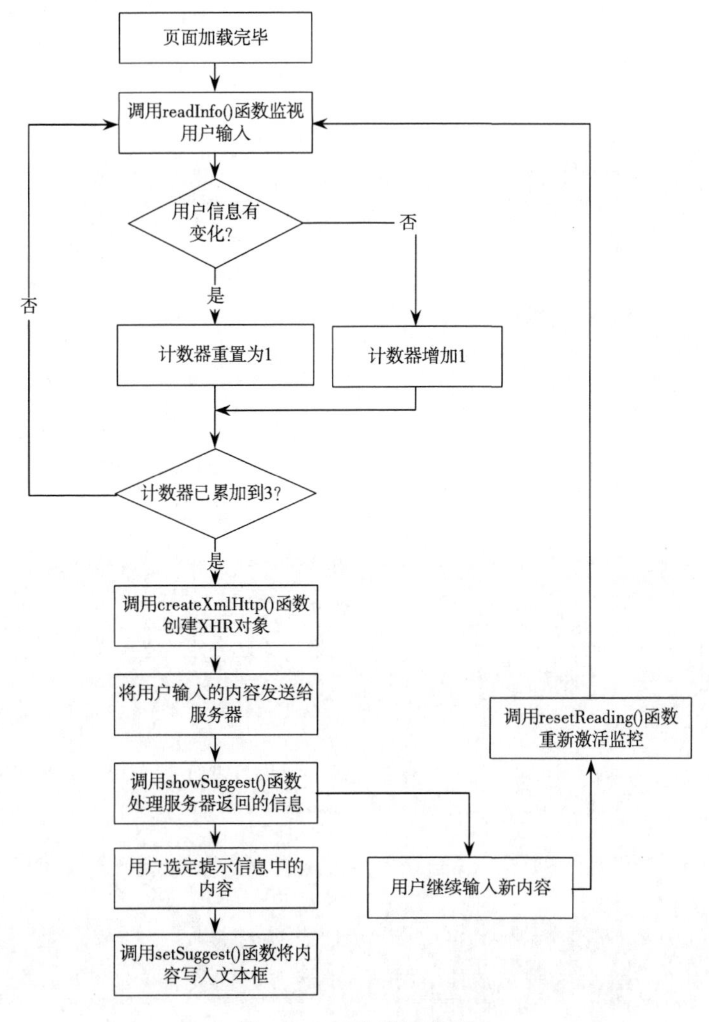

图 3-8 函数调用流程

```
<!DOCTYPE html PUBLIC "-//W3C//DTD HTML 4.01 Transitional//EN">
<html>
<head>
<meta http-equiv="Content-type" content="text/html; charset=utf-8">
<title>搜索提示</title>
<style type="text/css">
/* 提示div的样式 */
#suggest {
   width:100px;
   border:1px solid black;
   font-size:14px;
}
/* 提示信息鼠标覆盖时信息 */
div.over {
   border:1px solid #999;
   background:#FFFFCC;
   cursor:hand;
}
/* 提示信息鼠标移出时信息 */
div.out {
   border: 1px solid #FFFFFF;
   background:#FFFFFF;
}
</style>
<script type="text/JavaScript">
var xmlHttp;                        //用于保存XMLHttpRequest对象的全局变量
var currentInfo = "";               //用于保存当前用户输入的信息
var counter = 1;                    //读取信息计数器
var isReading = true;               //是否处于监视用户输入状态
//用于创建XMLHttpRequest对象
function createXmlHttp( ) {
   //根据window.XMLHttpRequest对象是否存在使用不同的创建方式
   if(window.XMLHttpRequest) {
     xmlHttp = new XMLHttpRequest( );//FireFox、Opera等浏览器支持的创建方式
   } else {
     xmlHttp = new ActiveXObject("Microsoft.XMLHTTP");
                                         //IE浏览器支持的创建方式
   }
}
```

```
//读取用户输入的信息
function readInfo( ) {
    var info = document.getElementById("info").value;
    /*
      当用户信息没有变化并且非空时，计数器加 1
      否则更新 currentInfo 变量为用户当前输入，重置计数器
    */
    if(currentInfo==info && info!="") {
        counter++;
    } else {
        currentInfo = info;
        counter = 1;
    }
  //当计数器累计到 3 时，如果用户信息仍没有变化，表示用户已停止输入，否则继续监视
    if(counter==3) {
        getSuggest(info);                   //向服务器获取提示信息
        isReading = false;                  //设置监视标记为 false
    } else {
        setTimeout("readInfo( )", 200);     //200 毫秒后再次读取用户输入信息
    }
}
//向服务器获取提示信息
function getSuggest(info) {
    createXmlHttp( );                             //创建 XMLHttpRequest 对象
    xmlHttp.onreadystatechange = showSuggest;     //设置回调函数
    xmlHttp.open("GET", "suggestServlet?info=" + encodeURI(info), true);
    xmlHttp.send(null);
}
//处理服务器的返回信息
function showSuggest( ) {
    if(xmlHttp.readyState == 4) {
        clearSuggest( );                          //清除现有提示信息
        var suggestsText = xmlHttp.responseText;
        //如果服务器返回信息不为空则创建新的 suggest
        if(suggestsText != "") {
        var suggests = suggestsText.split("|"); //使用“|”分隔提示信息
            //循环遍历提示信息数组
            for(var i=0; i<suggests.length; i++) {
                createSuggest(suggests[i]);       //创建每条提示信息
```

```
            }
            displaySuggest( );                          //显示提示信息
        } else {
            hiddenSuggest( );                           //隐藏提示信息
        }
    }
}
//创建提示信息结点
function createSuggest(text) {
    var sDiv = "<div class='out' onmouseover=\"this.className='over'\"" +
" onmouseout = \"this.className='out'\" onclick='setSuggest(this)'>" + text
+ "</div>";
    document.getElementById("suggest").innerHTML += sDiv;
                                        //将新建结点加入 suggest div
}
//响应鼠标单击事件, 将 suggest 信息写入用户文本框
function setSuggest(src) {
    document.getElementById("info").value = src.innerHTML;
    hiddenSuggest( );                   //隐藏提示信息
}
//当用户再次键入信息时, 调用此函数重新打开监视状态
function resetReading( ) {
    if(!isReading) {
        isReading = true;
        readInfo( );                    //开始监视用户文本框
    }
}
//显示提示信息
function displaySuggest( ) {
    document.getElementById("suggest").style.display = "";
}
//隐藏提示信息
function hiddenSuggest( ) {
    document.getElementById("suggest").style.display = "none";
}
//清空提示信息
function clearSuggest( ) {
    document.getElementById("suggest").innerHTML = "";
}
```

```
    //单击“确定”按钮后调用此函数确定文本框内的信息
    function showInfo( ) {
        alert("文本框内的信息是 " + document.getElementById("info").value);
    }
    </script>
    </head>

    <body onload="readInfo( )">
    <h1>搜索提示</h1>
    <input  type="text"  name="info"  id="info"  onkeyup="resetReading(  )" 
size="50">
    <input type="button" value="搜   索" onclick="showInfo( )">

    <!-- 用于显示提示信息的 div -->
    <div id="suggest" style="display:none"></div>
    </body>
    </html>
```

3.3.4 服务器端程序支持

服务器响应文件根据客户端提交的信息，查询并返回数据库中符合用户输入信息的内容。查询主要通过前匹配进行，如查询以 Ajax 开头的所有信息的 SQL 语句的条件部分为 where info like 'ajax%'。查询结果之间使用“|”作为分隔符。

```
    public  void  doPost(HttpServletRequest  request,  HttpServletResponse 
response)  throws ServletException, IOException {
      response.setContentType("text/html;charset=UTF-8");
      PrintWriter out = response.getWriter( );
      String info = request.getParameter("info");
      int counter = 0;                              //计数器
      String sql = "select info from suggest_info where info like ?";
      //定义查询数据库的 SQL 语句
      Connection conn = null;                       //声明 Connection 对象
      PreparedStatement pstmt = null;               //声明 PreparedStatement 对象
      ResultSet rs = null;                          //声明 ResultSet 对象
      try {
         conn = DBconnection.getConnection( ); //获取数据库连接
         pstmt = conn.prepareStatement(sql);   //根据 sql 创建 PreparedStatement
         pstmt.setString(1, info + "%");       //设置参数
         rs = pstmt.executeQuery( );           //执行查询，返回结果集
         while (rs.next( )) {
```

```
        //当不是第一次循环时，输出“|”作为分隔符
        if (counter > 0) {
            out.print("|");
        }
        counter++;                                  //计数器加 1
        out.print(rs.getString(1));                 //输出提示信息
    }
    } catch(SQLException e) {
        System.out.println(e.toString( ));
    } finally {
        DBconnection.closeResultSet(rs);        //关闭结果集
        DBconnection.closeStatement(pstmt);     //关闭 PreparedStatement
        DBconnection.closeCon(conn);            //关闭连接
    }
}
```

通过本实例的编写可以看出，完成一个简单的 Ajax 应用不仅要从用户的角度出发，同时也要考虑服务器的承受能力。要在良好的用户体验和可接收的服务器压力之间寻求一个平衡点。另外，也了解到 JavaScript 中延迟调用函数的方法，即通过内置的 setTimeout()函数在指定的时间段之后调用另一个函数。

3.4 XML 响应

对于请求参数为大量的 key-value 对的情形，更加倾向于使用简单的 POST/GET 请求。但对于某些极端的情形，如请求参数特别多，而且请求参数的结构关系复杂，则可以考虑发送 XML 请求。XML 请求的实质还是 POST 请求，只是在发送请求的客户端页面将请求参数封装成 XML 字符串的形式，服务器端则负责解析该 XML 字符串。当然，服务器获取到 XML 字符串后，可借助于 dom4j 或 JDOM 的相应工具来解析。

3.4.1 发送 XML 请求

源文件 cd_catalog.xml 的代码片段如下：

```
<CATALOG>
<CD>
<TITLE>Empire Burlesque</TITLE>
<ARTIST>Bob Dylan</ARTIST>
<COUNTRY>USA</COUNTRY>
<COMPANY>Columbia</COMPANY>
<PRICE>10.90</PRICE>
<YEAR>1985</YEAR>
  </CD>
```

```
<CD>
<TITLE>Hide your heart</TITLE>
<ARTIST>Bonnie Tyler</ARTIST>
<COUNTRY>UK</COUNTRY>
<COMPANY>CBS Records</COMPANY>
<PRICE>9.90</PRICE>
<YEAR>1988</YEAR>
</CD>
<CD>
<TITLE>Greatest Hits</TITLE>
<ARTIST>Dolly Parton</ARTIST>
<COUNTRY>USA</COUNTRY>
<COMPANY>RCA</COMPANY>
<PRICE>9.90</PRICE>
<YEAR>1982</YEAR>
</CD>
…（省略部分代码）
```

发送 XML 请求的代码如下：

```
<script type="text/JavaScript">
var xmlHttp;                    //用于保存 XMLHttpRequest 对象的全局变量
//用于创建 XMLHttpRequest 对象
function createXmlHttp( ) {
   //根据 window.XMLHttpRequest 对象是否存在使用不同的创建方式
   if(window.XMLHttpRequest) {
      xmlHttp = new XMLHttpRequest( );//FireFox、Opera 等浏览器支持的创建方式
   } else {
      xmlHttp = new ActiveXObject("Microsoft.XMLHTTP");
                                    //IE 浏览器支持的创建方式
   }
}
function showInfo( )
{
   createXmlHttp( );                  //创建 XMLHttpRequest 对象
   var url = "cd_catalog.xml";
   xmlHttp.open("POST", url, true);  //请求的服务器端对象为 XML 文件
   xmlHttp.onreadystatechange = callback;
   xmlHttp.send(null);
}
```

3.4.2 服务器端响应

```
function callback( )
  {
     var txt,x,xt ;
     if(xmlHttp.readyState == 4 && xmlHttp.status == 200)
     {
       txt = "<table border='1'><tr><th>CD 名称</th><th>演唱者</th></tr>";
       x = xmlHttp.responseXML.documentElement.getElementsByTagName("CD");
       for(i=0;i<x.length;i++)
       {
         txt += "<tr>";
         xt = x[i].getElementsByTagName("TITLE");
         {
           try{txt += "<td>"+xt[0].firstChild.nodeValue+"</td>";}
           catch(e){txt += "<td></td>";}
         }
         xt = x[i].getElementsByTagName("ARTIST");
         {
           try{txt += "<td>"+xt[0].firstChild.nodeValue+"</td>";}
           catch(e){txt += "<td></td>";}
         }
       }
       txt += "</tr></table>";
       document.getElementById("output").innerHTML = txt;
     }
  }
  </script>
```

3.4.3 客户端显示

```
<body>
<div id="output">
<input type="button" value="显示 CD 信息" onclick="showInfo( )"/>
</div>
</body>
```

单击页面中按钮后，页面改变显示内容，如图 3-9 所示。

CD名称	演唱者
Empire Burlesque	Bob Dylan
Hide your heart	Bonnie Tyler
Greatest Hits	Dolly Parton
Still got the blues	Gary Moore
Eros	Eros Ramazzotti
One night only	Bee Gees
Sylvias Mother	Dr. Hook
Maggie May	Rod Stewart
Romanza	Andrea Bocelli
When a man loves a woman	Percy Sledge

图 3-9 从 XML 文件获取内容显示

异步请求 XML
文件显示

并不是所有的 XML 请求都是从已有的 XML 文档中获得，也可通过代码生成 XML 字符串，然后通过一些 XML 字符串解析工具解析，如 SAX、DOM、dom4j、JDOM 和 JAXP 等，也可以获取更多、更复杂的请求参数。

3.5 JSON 响应

早期的 Ajax 技术曾经大量使用 XML 响应，但随着 JSON 技术的广泛应用，使用 XML 响应的缺点逐渐凸显，具体如下：

（1）同样的数据，转换为 XML 格式比转换为 JSON 格式的数据量更大。

（2）使用 XML 响应必须在服务器端生成符合 XML 格式的字符串，编程复杂。

（3）浏览器获取 XML 响应之后，需要使用 DOM 解析 XML 响应，编程复杂。

鉴于以上理由，Ajax 技术已逐步适应 JSON 响应来取代传统的 XML 响应。当服务器响应数据量较大，而且响应数据有复杂的结构关系时，使用 JSON 响应是很好的选择。

3.5.1 JSON 数据格式

例如，产品的特性返回格式如下：

```
{
    "type" : "K2735",
    "network" : "WCDMA",
    "color" : "黑色",
    "saleyear" : "2015",
    "ring" :  "Love Song",
    " screen" : " 15 寸"
}
```

这样，就可以很容易地利用 JSON 格式的遍历方法，配合每个特性的唯一标识，将信息写入页面中对应的位置，具体的实现代码如下：

```
var params = eval(" ("+xmlHttp.responseText+")");//使用服务器反馈信息创建对象
for(var o in params)
{
```

```
        document.getElementById(o).innerHTML = params[o];
    }
```

3.5.2 服务器端 JSON 格式数据生成

下面的实例是一个让用户根据种类查看图书。该实例的服务器响应是图书信息，它们具有数据量较大且具结构关系复杂的特征，为此考虑使用 JSON 响应进行处理。

在浏览器中查看该页面，并选择任意一个图书种类，即可看到该页面动态加载该种类下的所有图书，如图 3-10 所示。

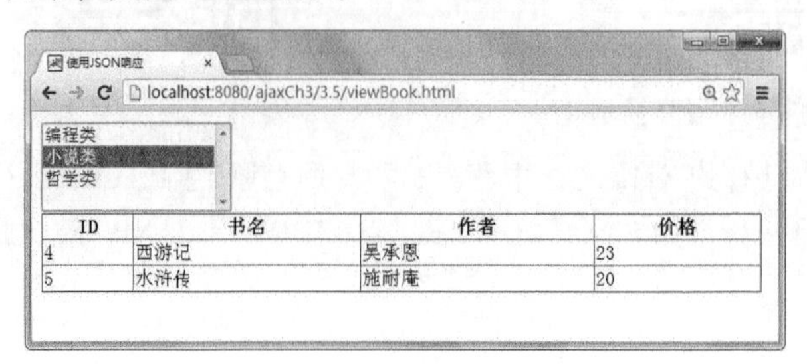

图 3-10 图书信息显示

异步请求 JSON 格式数据并显示

下面是提供服务器响应的 Servlet 代码。

```
public class ChooseBookServlet extends HttpServlet
{
    public void service(HttpServletRequest request ,
    HttpServletResponse response)
    throws IOException , ServletException
    {
    String idStr = (String)request.getParameter("id");
    int id = idStr == null ? 1 : Integer.parseInt(idStr);
    List<Book> books = new BookService( ).getBookByCategory(id);
    response.setContentType("text/html;charset=GBK");
    PrintWriter out = response.getWriter( );
    out.println(new JSONArray(books));
    }
}
```

上面程序中的代码代用了 BookService 的 getBookByCategory( )方法来获取图书信息。BookService 是本示例提供的业务逻辑组件，它的 getBookByCategory( )可以根据种类 ID 获取该种类下的所有图书。程序中先调用 JSONArray 对象封装 books 集合，再将 books 集合转换为 JSON 格式的字符串（项目中要加载 JSON.jar 外部工具包）。

BookService 是一个简单的业务逻辑组件，它直接使用了一个 Map 来模拟数据库。BookService 类的代码如下：

```
public class BookService
{
```

```
    // 模拟内存中的数据库
    static Map<Integer , List<Book>> bookDb =
        new LinkedHashMap<>( );
    static
    {
        // 初始化 bookDb 对象
        List<Book> list1 = new ArrayList<>( );
        List<Book> list2 = new ArrayList<>( );
        List<Book> list3 = new ArrayList<>( );
        list1.add(new Book(1 , "疯狂 Java 讲义" , "李刚" , 109));
        list1.add(new Book(2 , "轻量级 Java EE 企业应用实战" , "李刚" , 99));
        list1.add(new Book(3 , "疯狂 Android 讲义" , "李刚" , 89));
        list2.add(new Book(4 , "西游记" , "吴承恩" , 23));
        list2.add(new Book(5 , "水浒传" , "施耐庵" , 20));
        list3.add(new Book(6 , "乌合之众" , "古斯塔夫.勒庞" , 16));
        list3.add(new Book(7 , "不合时宜的考察" , "尼采" , 18));
        bookDb.put(1 , list1);
        bookDb.put(2 , list2);
        bookDb.put(3 , list3);
    }
    public List<Book> getBookByCategory(int categoryId)
    {
        return bookDb.get(categoryId);
    }
}
```

3.5.3 客户端数据显示

当服务器向浏览器生成符合JSON格式的字符串以后，浏览器端需要解析该JSON字符串，将它解析成 JavaScript 对象或 JavaScript 数组。将服务器响应数据“转换”成 JavaScript 对象或 JavaScript 数组后，使用 DOM 将响应显示出来即可。

下面是客户端处理 JSON 响应的代码。

```
<!DOCTYPE html>
<html>
<head>
  <meta name="author" content="Yeeku.H.Lee(CrazyIt.org)" />
  <meta http-equiv="Content-Type" content="text/html; charset=GBK" />
  <title> 使用 JSON 响应 </title>
  <style type="text/css">
    select {
```

```
        width:160px;
        font-size:11pt;
     }
  </style>
</head>
<body>
<select name="category" id="category" size="4"
onchange="change(this.value);">
<option value="1" selected="selected">编程类</option>
<option value="2">小说类</option>
<option value="3">哲学类</option>
</select>
<table border="1" style="border-collapse:collapse;width:600px">
<thead>
<tr>
<th>ID</th>
<th>书名</th>
<th>作者</th>
<th>价格</th>
</tr>
</thead>
<tbody id="book">
</tbody>
</table>
<script type="text/JavaScript">
// 定义了 XMLHttpRequest 对象
var xmlrequest;
// 完成 XMLHttpRequest 对象的初始化
function createXMLHttpRequest( )
{
  if(window.XMLHttpRequest)
  {
     // DOM 2 浏览器
     xmlrequest = new XMLHttpRequest( );
  }
  else if(window.ActiveXObject)
  {
     // IE 浏览器
     try
```

```
        {
           xmlrequest = new ActiveXObject("Msxml2.XMLHTTP");
        }
        catch(e)
        {
           try
           {
              xmlrequest = new ActiveXObject("Microsoft.XMLHTTP");
           }
           catch (e)
           {
           }
        }
     }
  }
  // 事件处理函数，当下拉列表选择改变时，触发该事件
  function change(id)
  {
    // 初始化 XMLHttpRequest 对象
    createXMLHttpRequest( );
    // 设置请求响应的 URL
    var uri = "chooseBookServlet"
    // 设置处理响应的回调函数
    xmlrequest.onreadystatechange = processResponse;
    // 设置以 POST 方式发送请求，并打开连接
    xmlrequest.open("POST", uri, true);
    // 设置 POST 请求的请求头
    xmlrequest.setRequestHeader("Content-Type","application/x-www-form-u
rlencoded");
    // 发送请求
    xmlrequest.send("id="+id);
  }
  // 定义处理响应的回调函数
  function processResponse( )
  {
    // 响应完成且响应正常
    if(xmlrequest.readyState == 4)
    {
       if(xmlrequest.status == 200)
```

```
        {
            var bookTb = document.getElementById("book");
            // 删除 bookTb 原有的所有行
            while(bookTb.rows.length > 0)
            {
                bookTb.deleteRow(bookTb.rows.length - 1);
            }
            // 获取服务器的 JSON 响应
            // 并调用 eval( )函数将服务器响应解析成 JavaScript 数组
            var books = eval(xmlrequest.responseText);
            // 遍历数组，每个数组元素生成一个表格行
            for(var i = 0 , len = books.length ; i < len ; i++)
            {
                var tr = bookTb.insertRow(i);
                // 依次创建 4 个单元格，并为单元格设置内容
                var cell0 = tr.insertCell(0);
                cell0.innerHTML = books[i].id;
                var cell1 = tr.insertCell(1);
                cell1.innerHTML = books[i].name;
                var cell2 = tr.insertCell(2);
                cell2.innerHTML = books[i].author;
                var cell3 = tr.insertCell(3);
                cell3.innerHTML = books[i].price;
            }
        }
        else
        {
            //页面不正常
            window.alert("您所请求的页面有异常。");
        }
    }
}
</script>
</body>
</html>
```

使用 JavaScript 内置的 eval( )函数解析 JSON 格式的字符串可能有一些潜在的安全问题，所以有些应用为了避免 eval()函数导致的问题，会使用一些更安全的 JavaScript 库（如 Prototype）提供的函数来解析 JSON 字符串。

如果响应数据的数据量大，而且具有复杂的结构关系，使用 JSON 响应是一个不错的选

择。如果使用 JSON 响应，则返回符合 JSON 规范的字符串。在实际应用中如果在客户端无法解析，很大一部分原因是因为返回的字符串格式不符合 JSON 的规范，需要在服务器端进行检查，这一点是尤其需要注意的。

3.6　三级联动菜单

联动菜单是网站开发中常见的功能，一般有二级、三级、四级联动，四级以上较为少见。传统的联动菜单为了实现无刷新更新选项内容，需要将各级菜单包含的内容一次性加载到客户端，这就加重了服务器的负担。使用 Ajax 技术改造后的多级联动菜单，根据用户的选择动态加载下级列表项，减少了需要传输的内容，同时简化了客户端数据的存储。实例运行效果如图 3-11 所示。

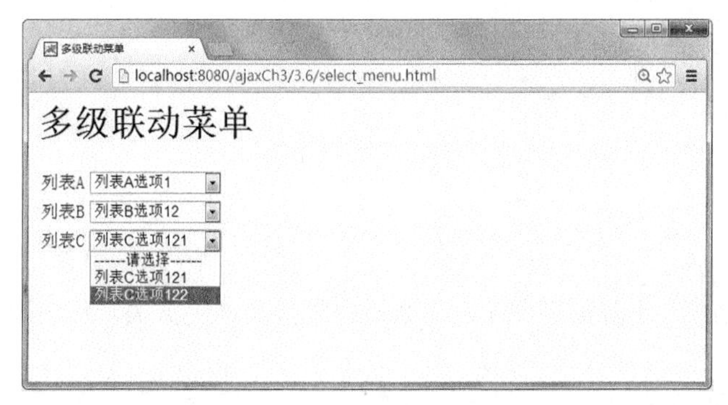

图 3-11　联动菜单运行效果

多级联动菜单显示

3.6.1　技术要点

在分析具体的实现代码之前，先介绍本例的几个技术要点。

1. 选项的动态创建与删除

document 对象的 createElement 方法可以用来创建一个 HTML 元素。创建好的元素可以通过 setAttribute 方法设置其属性。基于以上两点，创建一个选项可以封装的方法如下：

```
function createOption(value, text) {
var opt = document.createElement("option");      //创建一个 option 结点
    opt.setAttribute("value", value);            //设置 value
    opt.appendChild(document.createTextNode(text)); //给结点加入文本信息
    return opt;
}
```

当清除一个 select 列表的选项时，只需要重新设置选项的 length 属性为合适的值即可。本实例中保留列表的第一个选项，因此将传入的列表对象 length 属性赋值为 1。

```
function clearOptions(selNode) {
  selNode.length = 1;                  //设置列表长度为 1，仅保留默认选项
  selNode.options[0].selected = true;  //选中默认选项
}
```

2. **修改上级列表时重新初始化所有下级列表**

当多级菜单全部选定后，如果用户重新选择了第一级列表，则需要将其所有的下级列表全部初始化，为了实现这个需求，本实例创建了一个全局变量 selArray，以数组形式由上到下存放各级菜单的 id。在需要初始化某级列表的下级时，对数组进行遍历即可确认下级列表的 id。

3. **使用 JSON 格式传递选项数据**

值：可以是双引号引起来的字符串（String）、数字（number）、布尔值、对象、数组等。示例如下：

```
"hello" ,2006, true
```

名称/值对：名称是一个字符串，后面跟一个“:”，接着就应是这个名称对应的值，每个“名称/值”对以一个“,”分隔。示例如下：

```
"Hello" :"你好", "Year":2006 , "IsRight":true
```

对象：以“{”开始，以“}”结束，是一个无序的“名称/值”对集合。示例如下：

```
{
  "Hello":"你好"
  "Year":2006
  "IsRight":true
}
```

数组：以“[”开始，以“]”结束，是值的有序集合，数组中的值以“,”分隔。示例如下：

```
[
  "item1","item2","item3"
]
```

根据以上的介绍，发现利用“名称/值对”的形式可以方便地表示每一个 option 的内容。示例如下：

```
// option 原始格式
<select>
  <option value="B11">列表 B 选项 11</option>
  <option value="B12">列表 B 选项 12</option>
  <option value="B13">列表 B 选项 13</option>
</select>
// JSON 格式
{
  'B11': ' 列表 B 选项 11',
  'B12': ' 列表 B 选项 12',
  'B13': ' 列表 B 选项 13',
}
```

可以看到，使用 JSON 格式表示选项数据简洁明了，容易理解，非常适合用于数据交换。

3.6.2 数据库设计

本实例使用名为 select_menu 的数据表，包含的数据如图 3-12 所示。具体的创建数据表语句如下：

```
CREATE TABLE 'select_menu' (
  'id' varchar(255) NOT NULL DEFAULT '',
  'text' varchar(255) NOT NULL,
  'pid' varchar(255) NOT NULL,
  'seq' int(11) NOT NULL DEFAULT '0',
  PRIMARY KEY ('id')
) ENGINE=InnoDB DEFAULT CHARSET=utf8 ROW_FORMAT=COMPRESSED COMMENT='1.4';
```

3.6.3　客户端页面

页面加载完毕后自动完成两个任务，初始化列表数组和为第一级列表赋值。当用户在上级列表中选定一项后，触发 onchange 事件，调用 buildSelect()函数获取下级列表中包含的选项。完整的函数调用过程如图 3-13 所示。

id	text	pid	seq
A1	列表A选项1	INIT	1
A2	列表A选项2	INIT	2
B11	列表B选项11	A1	1
B12	列表B选项12	A1	2
B13	列表B选项13	A1	3
B21	列表B选项21	A2	1
B22	列表B选项22	A2	2
C111	列表C选项111	B11	1
C112	列表C选项112	B11	2
C121	列表C选项121	B12	1
C122	列表C选项122	B12	2
C131	列表C选项131	B13	1
C132	列表C选项132	B13	2
C211	列表C选项211	B21	1
C212	列表C选项212	B21	2
C221	列表C选项221	B22	1
C222	列表C选项222	B22	2

图 3-12　表 select_menu 包含的数据

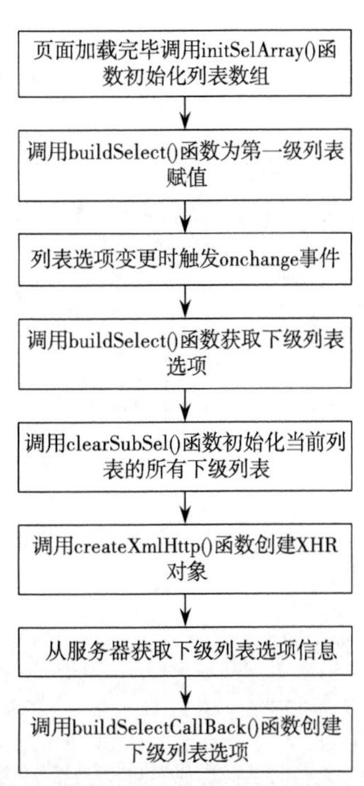

图 3-13　用户操作界面函数调用流程

```
<!DOCTYPE html PUBLIC "-//W3C//DTD HTML 4.01 Transitional//EN">
<html>
<head>
<meta http-equiv="Content-type" content="text/html; charset=utf-8">
<title>多级联动菜单</title>
<script type="text/JavaScript">
var xmlHttp;        //用于保存 XMLHttpRequest 对象的全局变量
```

```
var targetSelId;    //用于保存要更新选项的列表 id
var selArray;       //用于保存级联菜单 id 的数组
//用于创建 XMLHttpRequest 对象
function createXmlHttp( ) {
    //根据 window.XMLHttpRequest 对象是否存在使用不同的创建方式
    if(window.XMLHttpRequest) {
       xmlHttp = new XMLHttpRequest( );//FireFox、Opera 等浏览器支持的创建方式
    } else {
       xmlHttp = new ActiveXObject("Microsoft.XMLHTTP");
                                             //IE 浏览器支持的创建方式
    }
}
//获取列表选项的调用函数
function buildSelect(selectedId, targetId) {
    if(selectedId == "") {          //selectedId 为空串表示选中了默认项
        clearSubSel(targetId);      //清除目标列表及下级列表中的选项
        return;                     //直接结束函数调用，不必向服务器请求信息
    }
    targetSelId = targetId;     //将传入的目标列表 id 赋值给 targetSelId 变量
    createXmlHttp( );           //创建 XmlHttpRequest 对象
    xmlHttp.onreadystatechange = buildSelectCallBack;   //设置回调函数
    xmlHttp.open("GET", "selectmenuServlet?selectedId=" + selectedId, true);
    xmlHttp.send(null);
}
//获取列表选项的回调函数
function buildSelectCallBack( ) {
    if(xmlHttp.readyState == 4) {
        var optionsInfo = eval("("+xmlHttp.responseText+")");
        //将从服务器获得的文本转为对象直接量
        var targetSelNode = document.getElementById(targetSelId);
        clearSubSel(targetSelId);               //清除目标列表中的选项
        //遍历对象直接量中的成员
        for(var o in optionsInfo) {
            targetSelNode.appendChild(createOption(o, optionsInfo[o]));
                                                //在目标列表中追加新的选项
        }
    }
```

```
    }
    //根据传入的 value 和 text 创建选项
    function createOption(value, text) {
        var opt = document.createElement("option");     //创建一个 option 结点
        opt.setAttribute("value", value);               //设置 value
        opt.appendChild(document.createTextNode(text));//为结点加入文本信息
        return opt;
    }
    //清除传入的列表结点内的所有选项
    function clearOptions(selNode) {
         selNode.length = 1;                    //设置列表长度为 1，仅保留默认选项
         selNode.options[0].selected = true;   //选中默认选项
    }
    //初始化列表数组（按等级）
    function initSelArray( ) {
        selArray = arguments;                 //arguments 对象包含了传入的所有参数
    }
    //清除下级子列表选项
    function clearSubSel(targetId) {
        var canClear = false;                        //设置清除开关，初始值为假
        for(var i=0; i<selArray.length; i++) {     //遍历列表数组
            if(selArray[i]==targetId) {       //当遍历至目标列表时，打开清除开关
                canClear = true;
            }
            if(canClear) {      //从目标列表开始到最下级列表结束，开关始终保持打开
                clearOptions(document.getElementById(selArray[i]));
                                   //清除该级列表选项
            }
        }
    }
    </script>
    </head>
    <!-- 页面加载完毕后做两件事：1.初始化列表数组 2.为第一个列表赋值 -->
    <body    onload="initSelArray('selA','selB','selC');buildSelect('INIT',
'selA')">
    <h1>多级联动菜单</h1>
    <table>
```

```
<tr>
<td>列表 A</td>
<td>
<select name="selA" id="selA" onchange="buildSelect(this.value,'selB')">
<option value="" selected>------请选择------</option>
</select>
</td>
</tr>
<tr>
<td>列表 B</td>
<td>
<select name="selB" id="selB" onchange="buildSelect(this.value,'selC')">
<option value="" selected>------请选择------</option>
</select>
</td>
</tr>
<tr>
<td>列表 C</td>
<td>
<select name="selC" id="selC">
<option value="" selected>------请选择------</option>
</select>
</td>
</tr>
</table>
</body>
</html>
```

3.6.4 服务器端程序

文件中编写了一个 getOptions()方法，根据请求中 selectedId 参数从数据库中查询对应的信息，查询到信息后拼接为 JSON 格式返回。

```
public class selectmenuServlet extends HttpServlet {
  public String getOptions(String id)
  {
     StringBuffer buf = new StringBuffer("{");
     Connection  con = DBconnection.getConnection( );
     PreparedStatement ps = null;
     ResultSet rs = null;
```

```
        try {
            String sql = "select * from select_menu where pid=? order by seq asc";
            ps = con.prepareStatement(sql);
            ps.setString(1, id);
            rs = ps.executeQuery( );
            int count = 0;
            while(rs.next( ))
            {
                if(count>0)
                {
                    buf.append(",");
                }
                buf.append("'");
                buf.append(rs.getString("id"));
                buf.append("':'");
                buf.append(rs.getString("text"));
                buf.append("'");
                count++;
            }
        } catch(Exception e) {
            e.printStackTrace( );
        }
        finally
        {
            DBconnection.closeCon(con);
            DBconnection.closeStatement(ps);
            DBconnection.closeResultSet(rs);
        }
        buf.append("}");
        return buf.toString( );
    }
    public  void  doGet(HttpServletRequest  request,  HttpServletResponse
response)
        throws ServletException, IOException {
        response.setContentType("text/html;charset=utf-8");
        PrintWriter out = response.getWriter( );
        String id = request.getParameter("selectedId");
```

```
        out.print(this.getOptions(id));
        out.flush( );
        out.close( );
    }
    public  void  doPost(HttpServletRequest  request,  HttpServletResponse
response)
    throws ServletException, IOException {
    doGet(request, response);
    }
}
```

传统的联动菜单主要有两种实现方式：一种是静态联动，在不需要经常更新，并且数据量较小时适用；另一种是使用数据绑定进行显示。本实例中使用 Ajax 技术改写了传统的多级联动菜单。需要注意的是，在实际应用中要根据实际情况选择联动菜单的实现技术，当数据量小且不常更新的情况下，静态联动也不失为一种好的实现方式。

小　　结

本章主要介绍了 Ajax 技术在实际应用中的示例，包括验证登录、邮编自动显示，搜索提示等，还介绍了 XML 和 JSON 数据在 Ajax 技术中的应用。示例的难度由浅入深，每个示例都比较典型，能帮助用户更好地掌握和熟悉 Ajax 技术的原理与使用，并且能够运用到实际开发中去。

习　　题

相册浏览。使用 Ajax 技术动态加载要显示的图片信息，单击缩略图后显示完整的图片。实例运行效果如图 3-14 所示。

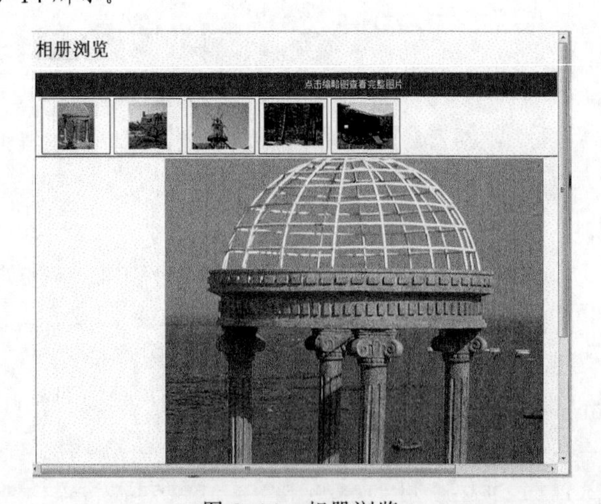

图 3-14　相册浏览

jQuery 库详解

学习目标

了解：jQuery 的优点。

理解：jQuery 的 HMTL 和 DOM 操作。

掌握：jQuery 选择器和事件处理。

4.1 jQuery 入门

jQuery 在 2006 年 1 月由美国人 John Resig 在纽约的 BarCamp 发布，吸引了来自世界各地的众多 JavaScript 高手加入，由 Dave Methvin 率领团队进行开发。如今，jQuery 已经成为最流行的 JavaScript 库，在世界前 10 000 个被访问最多的网站中，有超过 55%在使用 jQuery。

jQuery 是继 prototype 之后又一个优秀的 JavaScript 库。它是轻量级的 JS 库，兼容 CSS3 和各种浏览器。jQuery 使用户能更方便地处理 HTML（标准通用标记语言下的一个应用）、events、实现动画效果，并且方便地为网站提供 AJAX 交互。

jQuery 的核心理念是“write less，do more”（写得更少，做得更多）。jQuery 是免费的、开源的，使用 MIT 许可协议。jQuery 的语法设计可以使开发者更加便捷，如操作文档对象、选择 DOM 元素、制作动画效果、事件处理、使用 Ajax 以及其他功能。

4.1.1 jQuery 的优势

jQuery 独特的选择器、链式的 DOM 操作方式、事件绑定机制、封装完善的 Ajax 都是其他 JavaScript 库望尘莫及的。

（1）轻量级。jQuery 非常轻巧，大小不到 30 KB，服务器端启用 gzip 压缩后，甚至只有 16 KB 左右。

（2）强大的选择器。jQuery 可以让操作者使用从 CSS 1 到 CSS 3 几乎所有的选择器，以及 jQuery 独创的高级而复杂的选择器。如果用户有需要，还可以加入插件使其支持 XPath 选择器。

（3）出色的 DOM 操作的封装。jQuery 封装了大量常用的 DOM 操作，使用户编写 DOM 操作相关程序的时候能够得心应手，从容地完成各种原本非常复杂的操作，让 JavaScript 新手也能写出出色的程序。

（4）可靠的事件处理机制。jQuery 的事件处理机制吸取了 JavaScript 编写的事件处理函数的精华，使得 jQuery 处理事件绑定的时候相当可靠。

（5）完善的 Ajax。jQuery 将所有的 Ajax 操作封装到一个函数$.ajax 里，使得用户处理 Ajax 的时候能够专心处理业务逻辑而无须关心复杂的浏览器兼容性和 XMLHttpRequest 对象的创建和使用的问题。

（6）出色的浏览器兼容性。作为一个流行的 JavaScript 库，浏览器的兼容性自然是必须具备的条件之一。jQuery 能够在 IE 6.0+、FF 2+、Safari 2.0+和 Opera 9.0+下正常运行。同时修复了一些浏览器之间的差异，使用户不用在开展项目前忙于建立一个浏览器兼容库。

（7）行为层与结构层的分离。开发者不需要再去 HTML 调用事件，而是直接使用 jQuery 选择器选中元素，然后直接给元素添加事件。

（8）丰富的插件支持。任何事物的壮大，如果没有很多人的支持，也是永远发展不起来的。jQuery 的易扩展性，吸引了来自全球的开发者来共同编写 jQuery 的扩展插件。

（9）完善的文档。jQuery 的文档是非常丰富的。

（10）开源。jQuery 是一个开源的产品，任何人都可以自由地使用。

4.1.2 引入 jQuery 库文件

在使用 jQuery 编写程序之前，要先引入 jQuery 的库文件。jQuery 的官方网站是 http://jQuery.com，这里包含了关于 jQuery 的最新版本、最新代码，可以在这里找到并下载 jQuery 的库文件。单击首页上的 Download jQuery 按钮，如图 4-1 所示。打开下载页面，找到下载链接，如图 4-2 所示，即可下载到所需要的 jQuery 库文件。本书以 jQuery 的 1.10.2 版本为基础来学习 jQuery。

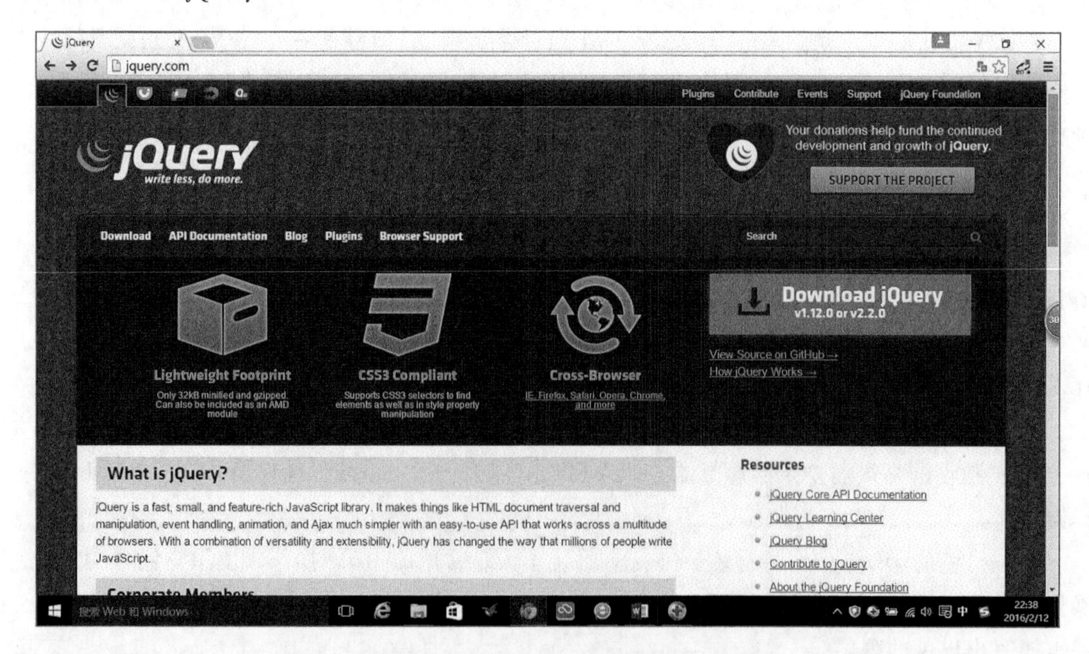

图 4-1　jQuery 首页

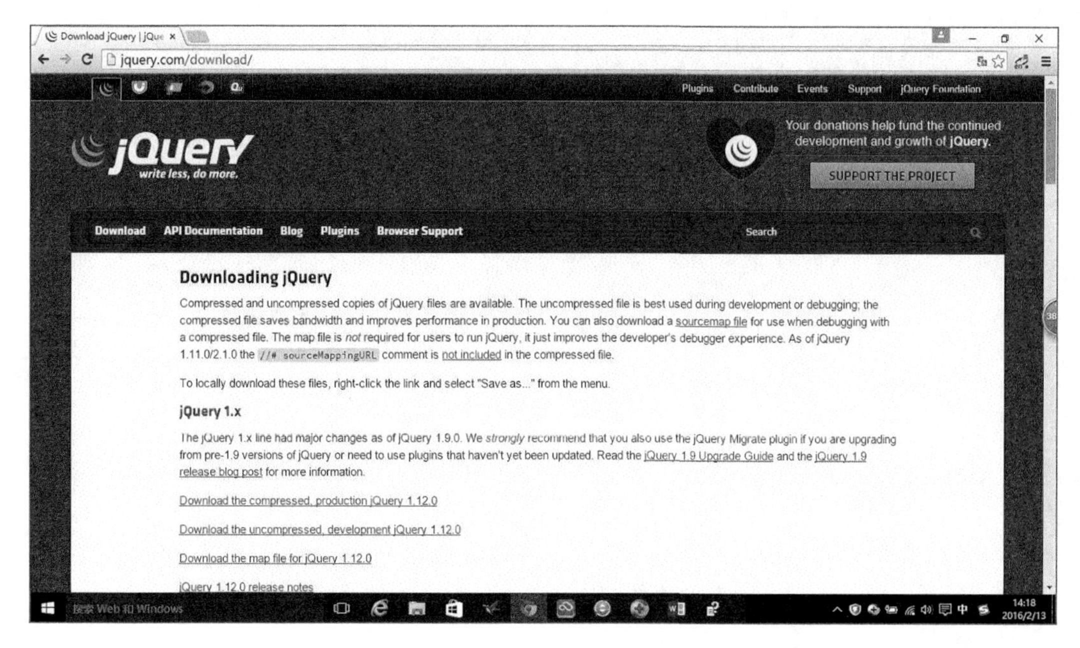

图 4-2　jQuery 下载页面

下载完 jQuery 库文件后，仅需要使用<script>标记，将库文件 jquery-1.10.2.js 导入页面中即可。假设该文件下载后保存在页面的同级目录 ajaxCh4 文件夹下，那么，在页面的<head></head>中加入如下代码。

```
<script language="JavaScript" type="text/JavaScript" src="jquery-1.10.2.js">
</script>
```

在页面的头部分加入上述代码后，便完成了 jQuery 库文件的引入，接下来就可以开始放心地使用 jQuery。

4.1.3　jQuery 实例

下面是一个简单的 JQuery 实例，文件名为 Hello_jQuery.html。

```
<!DOCTYPE html>
<HEAD>
<TITLE>一个简单的 jQuery 实例</TITLE>
<META NAME="Generator" CONTENT="EditPlus">
<META NAME="Author" CONTENT="">
<META NAME="Keywords" CONTENT="">
<META NAME="Description" CONTENT="">
<script language="JavaScript" type="text/JavaScript" src="jquery-1.10.2.js">
</script>
<script type="text/JavaScript">
```

```
$(document).ready(function( ){    //$是 JQurey 程序的标志
alert("您好，欢迎来到 JQuery 世界!");})
</script>
</HEAD>
<BODY>
</BODY>
</HTML>
```

在浏览器中测试，执行结果如图 4-3 所示。

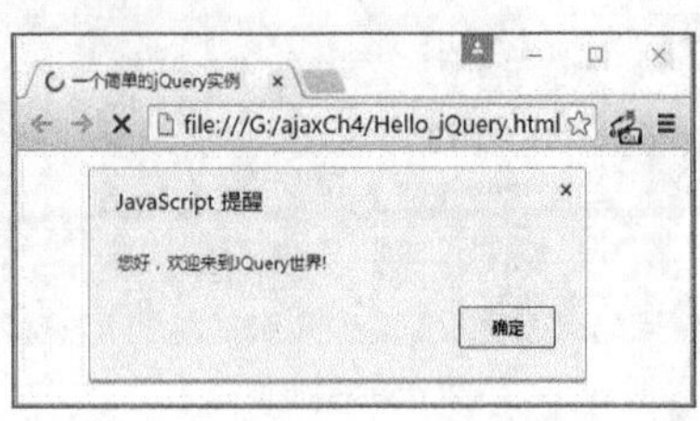

图 4-3　Hello_jQuery 执行结果

4.2　jQuery 选择器

4.2.1　基本选择器

1. CSS 选择器

CSS 选择器共包括 5 种：标签选择器、ID 选择器、类选择器、通用选择器和群组选择器。

1）标签选择器

标签选择器用于选择 HTML 页面中已有的标签元素，又称元素选择器。语法格式如下：

```
$("element")
```

例如：

```
$("div")    //选择所有的 div 标签元素，返回 div 元素数组
```

2）ID 选择器

ID 选择器用于获取某个具有 ID 属性的元素，语法格式如下：

```
$("#myELement")    //选择 id 值等于 myElement 的元素
```

示例代码如下，文件名为“id 选择器.html”。

```
<!DOCTYPE html>
<html>
<head>
<title>ID 选择器实例</title>
<meta charset="uft-8"/>
<script type="text/JavaScript" src="jquery-1.10.2.js"></script>
<script type="text/JavaScript">
$(document).ready(function( ){
   $("#intro").css("background-color","#F00");
});
</script>
</head>
<body>
<h1>Welcome to My Homepage</h1>
<p id="intro">My name is Donald.</p>
```

```
<p>I live in Duckburg.</p>
</body>
</html>
```

在浏览器中测试，执行结果如图 4-4 所示。

3）类选择器

类选择器用于获取某个具有 class 属性的元素，语法格式如下：

```
$(".myClass")      //选择使用 myClass 类的 CSS 的所有元素
```

示例代码如下，文件名为“类选择器.html”。

```
<!DOCTYPE html>
<head>
<title>类选择器实例</title>
<meta charset="utf-8"/>
<script type="text/JavaScript" src="jquery-1.10.2.js">
</script>
<script type="text/JavaScript">
$(document).ready(function( )
{
  $("button").click(function( )
  {
    $(".test").css("background-color","red");
  });
});
</script>
</head>
<body>
<h2 class="test">This is a heading</h2>
<p class="test">This is a paragraph.</p>
<p>This is another paragraph.</p>
<button type="button">Click me</button>
</body>
</html>
```

在浏览器中测试，执行结果如图 4-5 所示。

图 4-4 id 选择器执行结果

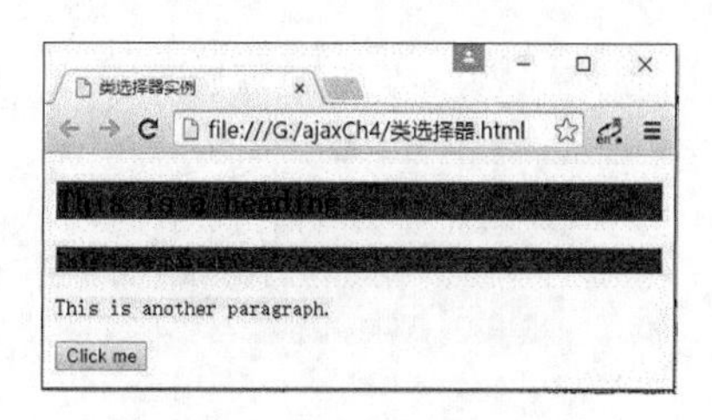

图 4-5 类选择器执行结果

4）通用选择器

通用选择器匹配所有元素，多用于结合上下文搜索，语法格式如下：

```
$("*")                //选择文档中的所有元素
```

示例代码如下，文件名为“通用选择器.html”。

```
<!DOCTYPE html>
<head>
<title>通用选择器实例</title>
<meta charset="utf-8"/>
<script type="text/JavaScript" src="jquery-1.10.2.js">
</script>
<script>
$(document).ready(function( ){
  $("button").click(function( ){
    $("*").css("background-color","yellow");
  });
});
</script>
</head>
<body>
<h2>This is a heading</h2>
<p>This is a paragraph.</p>
<p>This is another paragraph.</p>
<button>Click me</button>
</body>
</html>
```

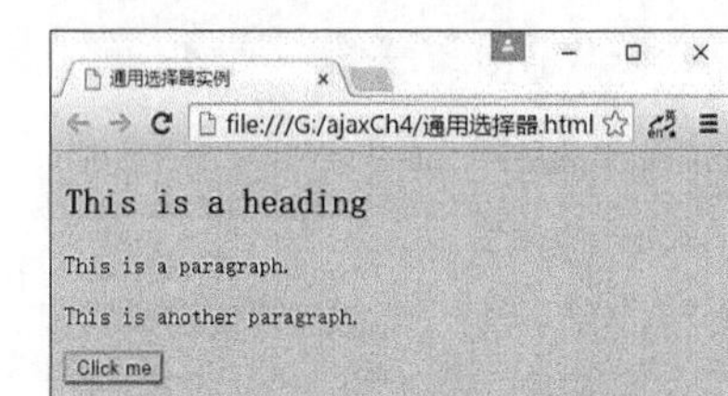

图 4-6　通用选择器执行结果

在浏览器中测试，执行结果如图 4-6 所示。

5）群组选择器

群组选择器又叫多元选择器，用于选择所有指定的选择器的结果，语法格式如下：

```
$("selector1,selector1,selector1,…,selector1n")
```

示例代码如下，文件名为“群组选择器.html”。

```
<!DOCTYPE html>
<head>
<title>群组选择器实例</title>
<meta charset="utf-8"/>
<script type="text/JavaScript" src="jquery-1.10.2.js">
</script>
<script>
$(document).ready(function( ){
```

```
    $("button").click(function( ){
      $("h2,p").css("background-color","yellow");
    });
  });
  </script>
  </head>
  <body>
  <h2>This is a heading</h2>
  <p>This is a paragraph.</p>
  <p>This is another paragraph.</p>
  <button>Click me</button>
  </body>
  </html>
```

在浏览器中测试，执行结果如图 4-7 所示。

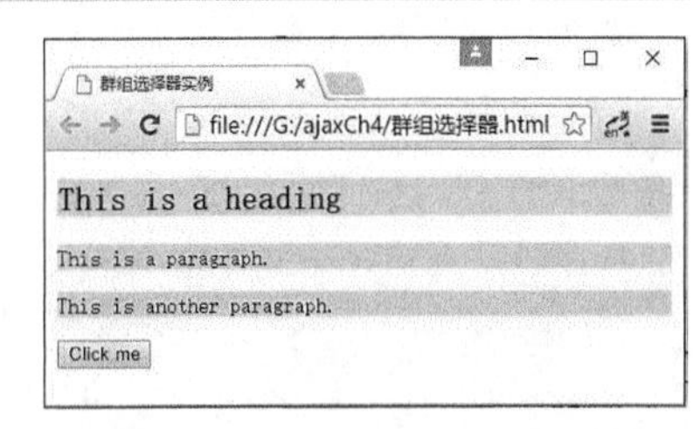

图 4-7 群组选择器执行结果

2. 层次选择器

1）子元素选择器

子元素选择器用于在给定的父元素下查找这个父元素下面的所有子元素，语法格式如下：

```
$(parent>child)
```

示例代码如下，文件名为“子元素选择器.html”。

```
<!DOCTYPE html>
<head>
<title>子元素选择器</title>
<meta charset="utf-8"/>
<script type="text/JavaScript" src="jquery-1.10.2.js">
</script>
<script>
$(document).ready(function( ){
    $("form > input").css("background-color","green");
});
</script>
</head>
<body>
<form>
  <label>姓名:</label>
  <input name="name" />
  <fieldset>
      <label>时事通讯:</label>
      <input name="newsletter" />
```

```
 </fieldset>
</form>
<input name="none" />
</body>
</html>
```

在浏览器中测试，执行结果如图 4-8 所示。

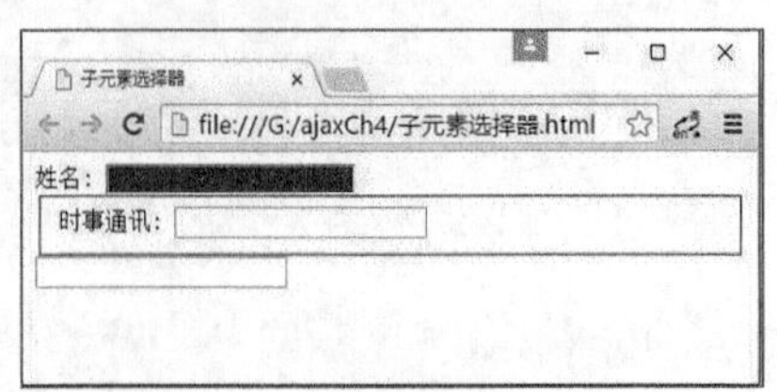

图 4-8　子元素选择器执行结果

2）后代元素选择器

后代元素选择器用于在给定的祖先元素下匹配所有的后代元素，语法格式如下：

```
 $ ( “ancestor descendant” )
```

其中，参数 ancestor 是一个任意选择器，descendant 也是一个选择器，用于筛选后代元素。后代元素可能是 ancestor 元素的子元素、孙元素等。

示例代码如下，文件名为“后代元素选择器.html”。

```
<!DOCTYPE html>
<head>
<title>后代元素选择器</title>
<meta charset="utf-8"/>
<script type="text/JavaScript" src="jquery-1.10.2.js">
</script>
<script>
$(document).ready(function( ){
    $("form input").css("background-color","green");
});
</script>
</head>
<body>
<form>
  <label>姓名:</label>
  <input name="name" />
  <fieldset>
      <label>时事通讯:</label>
      <input name="newsletter" />
 </fieldset>
</form>
<input name="none" />
</body>
</html>
```

在浏览器中测试，执行结果如图 4-9 所示。

3）紧邻同辈选择器

紧邻同辈选择器用于匹配所有紧接在 prev 元素后的 next 元素，语法格式如下：

```
$("prev + next")
```

示例代码如下，文件名为“紧邻同辈选择器.html”。

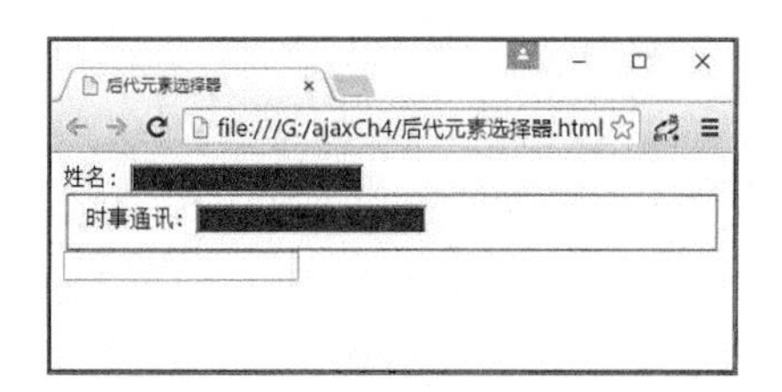

图 4-9　后代元素选择器执行结果

```
<!DOCTYPE html>
<html>
<head>
<title>紧邻同辈选择器</title>
<meta charset="utf-8"/>
<script type="text/JavaScript" src="jquery-1.10.2.js">
</script>
</script>
<script>
$(document).ready(function( ){
  $("button").click(function( ){
    $("div+span").css("background-color","blue");
  });
});
</script>
</head>
<body>
<form>
<div>div1</div>
<span>span1</span>
<div>
<span>span1</span>
</div>
<button type="button">Click me</button>
</form>
</body>
</html>
```

在浏览器中测试，执行结果如图 4-10 所示。

图 4-10　紧邻同辈选择器执行结果

4）相邻同辈选择器

相邻同辈选择器用于选择某元素后面的所有同辈元素，语法格式如下：

```
$("prev~siblings")
```

示例代码如下，文件名为“相邻同辈选择器.html”。

```
<!DOCTYPE html>
```

```
<html>
<head>
<title>相邻同辈选择器</title>
<meta charset="utf-8"/>
<script type="text/JavaScript" src="jquery-1.10.2.js">
</script>
<script>
$(document).ready(function( ){
  $("button").click(function( ){
    $("input~p").css("background-color","red");
  });
});
</script>
</head>
<body>
<input type="text"/>
<p>第一段</p>
<p>第二段</p>
<button type="button">Click me</button>
</body>
</html>
```

在浏览器中测试，执行结果如图 4-11 所示。

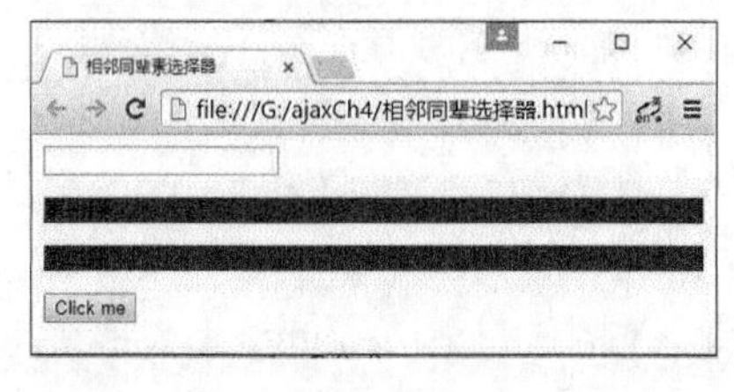

图 4-11　相邻同辈选择器执行结果

3. 表单域选择器

1）:input 选择器

:input 选择器用于选择 input、textarea、select、button 元素，语法格式如下：

```
$(":input")
```

2）:text 选择器

:text 选择器用于选择所有的单行文本框，语法格式如下：

```
$(":text")
```

3）:password 选择器

:password 选择器用于选择所有的密码框，语法格式如下：

```
$(":password")
```

4）:radio 选择器

:radio 选择器用于选择所有的单选按钮，语法格式如下：

```
$(":radio")
```

5）:checkbox 选择器

:checkbox 选择器用于选择所有的多选按钮，语法格式如下：

```
$(":checkbox")
```

6）:file 选择器

:file 选择器用于选择所有的文件域，语法格式如下：

```
$(":file")
```

7）:image 选择器

:image 选择器用于选择所有的图像域，语法格式如下：

```
$(":image")
```

8）:hidden 选择器

:hidden 选择器用于选择所有的不可见元素和选择域，语法格式如下：

```
$(":hidden")
```

9）:button 选择器

:button 选择器用于选择所有的按钮，语法格式如下：

```
$(":button")
```

10）:submit 选择器

:submit 选择器用于选择所有的提交按钮，语法格式如下：

```
$(":submit")
```

11）:reset 选择器

:reset 选择器用于选择所有的重置按钮，语法格式如下：

```
$(":reset")
```

示例代码如下，文件名为“表单域选择器.html”。

```
<html>
<head>
<script type="text/JavaScript" src="jquery.js"></script>
<script type="text/JavaScript">
$(document).ready(function( ){
      $(":text").attr("value","文本框");          //给文本框添加文本
      $(":password").attr("value","密码框");      //给密码框添加文本
      $(":radio:eq(1)").attr("checked","true");//将第2个单选按钮设置为选中
      $(":checkbox").attr("checked","true");     //将复选框全部选中
      $(":image").attr("src","wedding.jpg");     //给图像指定路径
      $(":file").css("width","200px");           //给文件域设置宽度
      $(":hidden").attr("value","已保存的值");    //给隐藏域添加文本
      $("select").css("background","#FCF");     //给下拉列表设置背景色
      $(":submit").attr("id","btn1");            //给提交按钮添加 id 属性
      $(":reset").attr("name","btn");            //给重置按钮添加 name 属性
      $("textarea").attr("value","文本区域");     //给文本区域添加文字
   });
   function submitBtn( ){
```

```
        //下面两个语句用来获取复选框选中的所有值
        var          checkbox          =          "";$(":checkbox[name='hate']
[checked]").each(function( ){
            checkbox += $(this).val( ) + " ";
            });
            alert($(":text").val( )+"\n"
            +$(":password").val( )+"\n"
            +$(":radio[name='habbit'][checked]").val( )+"\n"
            +checkbox+"\n"
            +$(":file").val( )+"\n"    //获得所选文件的绝对路径
            +$(":hidden[name='hiddenarea']").val( )+"\n"
            +$("select[name='selectlist'] option[selected]").text( )+ "\n"
            +$("textarea").val( )+"\n"
            );
        }
    </script>
    </head>
    <body>
    <table width="730" height="145" border="1">
    <tr>
        <td width="113" height="23">文本框</td>
        <td width="209"><input type="text"/></td>
        <td width="93">密码框</td>
        <td width="287"><input type="password" /></td>
    </tr>
    <tr>
        <td height="24">单选按钮</td>
        <td>
            <input type="radio" name="habbit" value="是"/>是
            <input type="radio" name="habbit" value="否"/>否
        </td>
        <td>复选框</td>
        <td>
            <input type="checkbox" name="hate" value="水果"/>水果
            <input type="checkbox" name="hate" value="蔬菜"/>蔬菜
        </td>
    </tr>
    <tr>
```

```
        <td height="50">图像</td>
        <td><input type="image" width="50" height="50"/></td>
        <td>文件域</td>
        <td><input type="file" /></td>
    </tr>
    <tr>
        <td height="23">隐藏域</td>
        <td><input type="hidden" name="hiddenarea"/>（不可见）</td>
        <td>下拉列表</td>
        <td>
            <select name="selectlist">
                <option value="选项一">选项一</option>
                <option value="选项二" >选项二</option>
                <option value="选项三">选项三</option>
            </select>
        </td>
    </tr>
    <tr>
        <td height="25">提交按钮</td>
        <td><input type="submit" onclick="submitBtn( )"/></td>
        <td>重置按钮</td>
    <td><input type="reset" /></td>
    </tr>
    <tr>
        <td valign="top">文本区域: </td>
        <td colspan="3"><textarea cols="70" rows="3"></textarea></td>
    </tr>
    </table>
    </body>
    </html>
```

运行效果如图 4-12 所示。

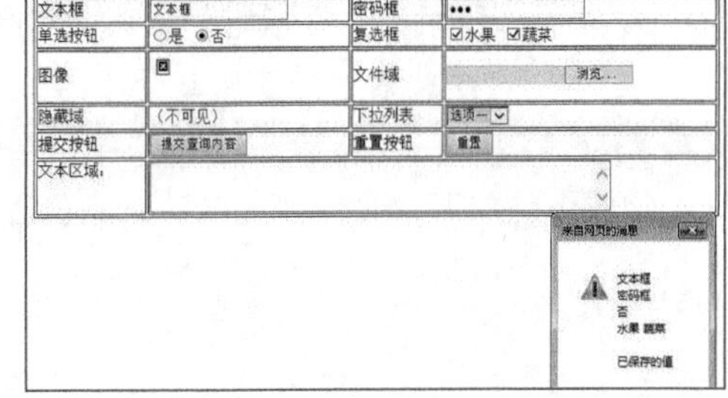

图 4-12　表单域选择器运行效果

4.2.2　过滤选择器

1. 简单过滤选择器

1）:first 选择器

:first 选择器用于选择符合条件的第一个元素，语法格式如下：

```
$("selector:first")
```

示例代码如下：

```
$("#div1 > p:first").css("color","red");
```

```
<div id="div1">
<p>我是第一个 P</p>        <!--会选中，是 id 为#div1 下的第一个 P 元素-->
<p>我是第二个 P</p>        <!--不会选中，是第二个 P 元素了-->
</div>
```

2）:last 选择器

:last 选择器用于选择符合条件的最后一个元素，语法格式如下：

```
$("selector:last")
```

示例代码如下：

```
$("#div1 > p:last").css("color","red");
<div id="div1">
<p>我是第一个 P</p>        <!--不会被选中，是第一个元素-->
<p>我是第二个 P</p>        <!--会被选中，是最后一个元素-->
</div>
```

3）:not 选择器

:not 选择器用于选择符合条件但不能被 selector 选中的元素，语法格式如下：

```
$("selector1:not(selector2)")
```

示例代码如下，文件名为“not 选择器.html”。

```
$("td:not(:first,:last)").css("background-color","#F00");
<table width="200" border="1">
 <tr>
   <td>你好</td>
     <td>你好</td>
     <td>你好</td>
 </tr>
</table>
```

在浏览器中测试，执行结果如图 4-13 所示。

图 4-13 not 选择器执行结果

4）:even 选择器

:even 选择器用于选择指定索引值为偶数的元素（0，2，4，6，8，…），注意索引号是从 0 开始的，语法格式如下：

```
$("selector:even")
```

示例代码如下，文件名为“even 选择器.html”。

```
$("tr:even").css("background-color","#B2E0FF");
<table>
<tr>
<th>Id</th>
<th>LastName</th>
<th>FirstName</th>
<th>Address</th>
<th>City</th>
```

```
</tr>
<tr>
<td>1</td>
<td>Adams</td>
<td>John</td>
<td>Oxford Street</td>
<td>London</td>
</tr>
<tr>
<td>2</td>
<td>Bush</td>
<td>George</td>
<td>Fifth Avenue</td>
<td>New York </td>
</tr>
<tr>
<td>3</td>
<td>Carter</td>
<td>Thomas</td>
<td>Changan Street</td>
<td>Beijing</td>
</tr>
<tr>
<td>4</td>
<td>Obama</td>
<td>Barack</td>
<td>Pennsylvania Avenue</td>
<td>Washington</td>
</tr>
</table>
```

在浏览器中测试，执行结果如图 4-14 所示。

5）:odd 选择器

:odd 选择器用于获取指定索引值为奇数的元素（1，3，5，7，9…），语法格式如下：

```
$("selector:odd")
```

以上例表格为例，将带有奇数行的背景颜色设置为蓝色，代码如下，文件名为“odd 选择器.html”。

```
$("tr:odd").css("background-color","#B2E0FF");
```

在浏览器中测试，执行结果如图 4-15 所示。

图 4-14　even 选择器执行结果

图 4-15　odd 选择器执行结果

6）:eq 选择器

:eq 选择器用于获取指定索引值的元素，语法格式如下：

```
$("selector:eq(index) ")
```

示例代码如下：

```
$("#div1 > p:eq(1)").css("color","red");
<div id="div1">
<p>我是第一个 P</p>    <!--不会被选中，索引号为 0-->
<p>我是第二个 P</p>    <!--会被选中，索引号为 1-->
</div>
```

7）:gt 选择器

:gt 选择器用于获取所有索引值大于 index 的元素，语法格式如下：

```
$("selector:gt(index) ")
```

示例代码如下：

```
$("#div1 > p:gt(1)").css("color","red");
<div id="div1">
<p>我是第一个 P</p>    <!--不会被选中，索引号为 0-->
<p>我是第二个 P</p>    <!--不会被选中，索引号为 1-->
<p>我是第三个 P</p>    <!--会被选中，索引号为 2 大于 1-->
</div>
```

8）:lt 选择器

:lt 选择器用于获取所有索引值小于 index 的元素，语法格式如下：

```
$(" selector:lt(index) ")
```

示例代码如下：

```
$("#div1 > p:lt(1)").css("color","red");
<div id="div1">
<p>我是第一个 P</p>    //会被选中，索引号为 0，小于 1
<p>我是第二个 P</p>    //不会被选中，索引号为 1，不小于 1
</div>
```

9）:header 选择器

:header 选择器用于选择所有标题类型元素<h1>、<h2>、<h3>、<h4>、<h5>、<h6>，语法格式如下：

```
$("selector:header")
```

示例代码如下：

```
$("#div1 > :header").css("color","red");
<div id="div1">
<p>我是一个 P</p>          <!--不会被选中，不是标题类型元素-->
<h1>我是一个 h1</h1>       <!--会被选中，h1 是标题类型元素-->
</div>
```

10）:animated 选择器

:animated 选择器用于选取当前的所有动画元素，语法格式如下：

```
$("selector:animated")
```

示例代码如下，文件名为“animate 选择器.html”。

```
<!DOCTYPE html>
<head>
<title>:animate( )选择器</title>
<meta charset="utf-8"/>
<head>
<script type="text/JavaScript" src="jquery-1.10.2.js"></script>
<script type="text/JavaScript">
$(document).ready(function( ){
  function aniDiv( ){
    $("#box").animate({width:300},"slow");
    $("#box").animate({width:100},"slow",aniDiv);
  }
  aniDiv( );
  $(".btn1").click(function( ){
    $(":animated").css("background-color","blue");
  });
});
</script>
<style>
div
{
background:#98bf21;
height:40px;
width:100px;
position:relative;
margin-bottom:5px;
}
</style>
```

```
</head>
<body>
<div></div>
<div id="box"></div>
<div></div>
<button class="btn1">Mark animated element</button>
</body>
</html>
```

在浏览器中测试，执行结果如图 4-16 所示。

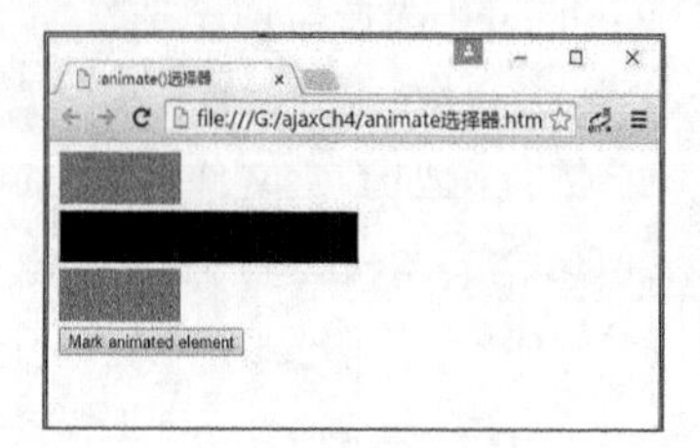

图 4-16　animate 选择器执行结果

2. **内容过滤选择器**

1）:contains 选择器

:contains 选择器用于获取包含给定文本的元素，语法格式如下：

```
$("selector:contains(text)")
```

示例代码如下：

```
$("p:contains('三')").css("background-color","red");
<div>
<p>我是第一个 P</p>     //不会被选中
<p>我是第三个 P</p>     //会被选中，文本里包含了"三"
</div>
```

2）:empty 选择器

:empty 选择器用于获取不包含子元素或文本的空元素，语法格式如下：

```
$("selector:empty")
```

示例代码如下：

```
$(:empty).text("我是空元素");
<div>
<div><span></span></div>     <!--div 不会被选中，因为有<span></span>子元素，
<span></span>会被选中，因为没有子元素也没有文本元素-->
<p></p>          <!--会被选中，没有子元素，也没有文本元素-->
<span>我是一个 span</span>     <!--不会被选中,有文本元素-->
</div>
```

3）:has 选择器

:has 选择器用于选中含有给定子元素的元素，语法格式如下：

```
$("selector1:has("selector2")")
```

示例代码如下：

```
$("div:has('span')").css("background-color","red");
<div>                 <!--此 div 会被选中，因为有后代 span-->
<div>
```

```
<p>我是一个 P</p>
</div>              <!--此 div 不会被选中，因为不含有后代 span-->
<div>
<span>我是一个 span</span>
</div>              <!--此 div 会被选中，含有后代 span-->
<div>
```

4）:parent 选择器

:parent 选择器用于选择含有子元素或者文本的元素，与:empty 选择器作用相反，语法格式如下：

```
$("selector:parent)")
```

示例代码如下，文件名为“parent 选择器.html”。

```
$("td:parent").css("background-color","red");
<table width="233" border="1">
<tr>
<td width="45"></td>
<td width="89">星期一</td>
<td width="77">星期二</td>
<td width="77">星期三</td>
<td width="77">星期四</td>
<td width="77">星期五</td>
</tr>
<tr>
<td>上午</td>
<td>休息</td>
<td>语文</td>
<td></td>
<td>数学</td>
<td>外语</td>
</tr>
<tr>
<td>下午</td>
<td></td>
<td>休息</td>
<td>语文</td>
<td>数学</td>
<td></td>
</tr>
```

在浏览器中测试，执行结果如图 4-17 所示。

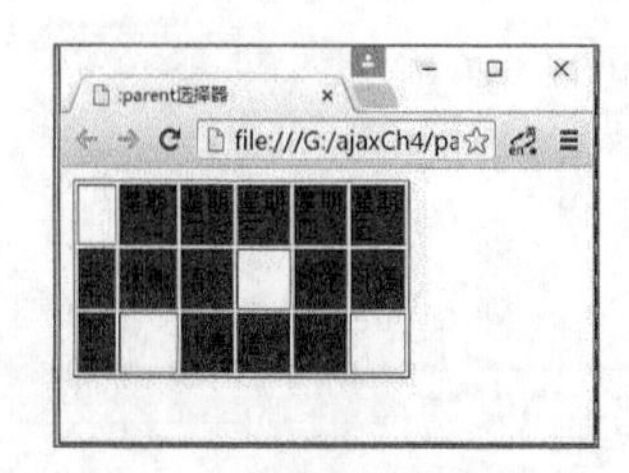

图 4-17　parent 选择器执行结果

3. 属性过滤选择器

1）包含属性选择器

包含属性选择器用于获取包含给定属性的元素，语法格式如下：

```
$("selector[attribute]")")
```

示例代码如下：

```
$("div[class]").css("font-size","30px");
<div>
<div class="div1">我是第一个 div</div>  <!--会被选中，含有 class 属性-->
<div>我是第二个 div</div>      <!--不会被选中，没含有 class 属性-->
</div>
```

2）属性等于选择器

属性等于选择器用于获取属性值等于 value 的元素，语法格式如下：

```
$("selector[attribute=value]")")
```

示例代码如下：

```
$("div[class=div1]").css("font-size","30px");
<div>
<div class="div1">我是 div1</div>  <!--会被选中，class 属性值等于 div1-->
<div class="div2">我是 div2</div> <!--不会被选中，class 属性不等于 div1-->
</div>
```

3）属性不等于选择器

属性不等于选择器用于获取属性值不等于 value 的元素，语法格式如下：

```
$("selector[attribute! =value]")")
```

示例代码如下：

```
$("div[class!=div1]").css("color","red");
<div>我是一个没有 class 属性的 div</div>
<!--会被选中，没有 class 属性自然 class 属性不等于 div1-->
<div class="div2">我是一个 class 属性等于 div2 的 div</div>
 <!--会被选中，class 属性不等于 div1-->
```

4）属性开始选择器

属性开始选择器用于获取属性值以 value 开始的元素，语法格式如下：

```
$("selector[attribute^=value]")")
```

示例代码如下：

```
$("div[class$=div]").css("color","red");
<!--会被选中，class 属性以 div 开始-->
<div class="div1">我是 div1</div>
<!--不会被选中，class 属性不以 div 开始-->
<div class="abc">我是 div2</div>
```

5）属性结束选择器

属性结束选择器用于获取属性值以 value 结束的元素，语法格式如下：

```
$("selector[attribute$=value]")")
```

示例代码如下：

```
$("div[class$=div]").css("font-size","30px");
<div class="1div">我是第一个 div</div>
<!--会被选中，class 属性以 div 结束-->
<div class="abc">我是第二个 div</div>
<!--不会被选中，class 属性不以 div 结束 -->
```

6）属性包含选择器

属性包含选择器用于获取属性值包含 value 值元素，语法格式如下：

```
$("selector[attribute*=value]")")
```

示例代码如下：

```
$("div[class*=div]").css("font-size","30px");
<div class="div1">我是 div1</div>    <!--会被选中，属性值包含 div-->
<div class="abc">我是 abc</div>      <!--会被选中，属性值包含 div-->
```

7）复合属性选择器

复合属性选择器用于选择满足多个条件的选择器，语法格式如下：

```
$("selector[selector1][selector2][selector3]")")
```

示例代码如下：

```
$("div:[class][title=title1]").css("background-color","red");
<div class="div1" title="title1">我是 div1,title1</div>
<!--会被选中，有 class 属性且 title 属性等于 title1-->
<div class="div1" title=title2>我是 div1,title2</div>
<!--不会被选中，虽然有 class 属性，但是 title 属性不等于 title2-->
<div class="div3">我是 div3</div>    //不会被选中，没有 title 属性
```

4. 子元素过滤选择器

1):first-child 选择器

:first-child 选择器用于选择父级的第一个子元素，语法格式如下：

```
$("selector:first-child")
```

示例代码如下，文件名为“first-child 选择器.html”。

```
<!DOCTYPE HTML>
<HEAD>
<TITLE>first-child 选择器</TITLE>
<meta charset="utf-8"/>
<script language="JavaScript" type="text/JavaScript" src="jquery-1.10.2.
js"> </script>
<script>
$(document).ready(function( ){
```

```
    $("button").click(function( ){
      $("ul:first-child").css("background-color","green");
    });
  });
  </script>
  </head>
  <body>
  <ul>
  <li>新闻</li>
  <li>军事</li>
  </ul>
  <ul>
  <li>娱乐</li>
  <li>动漫</li>
  </ul>
  <button type="button">Click me</button>
  </body>
  </html>
```

在浏览器中测试，执行结果如图 4-18 所示。

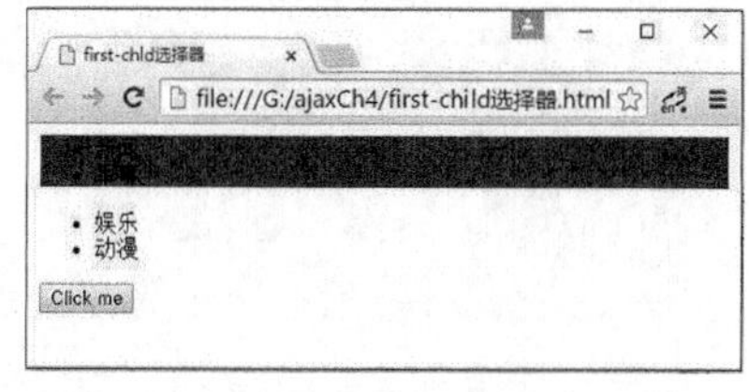

图 4-18　first-child 选择器执行结果

2）:last-child 选择器

:last-child 选择器用于选择父级的最后一个子元素，语法格式如下：

```
$("selector:last-child")
```

示例代码如下，文件名为“last-child 选择器.html”。

```
  <!DOCTYPE HTML>
  <HEAD>
  <TITLE>last-child 选择器</TITLE>
  <meta charset="utf-8"/>
  <script language="JavaScript" type="text/JavaScript" src="jquery-1.10.2.
js"> </script>
  <script>
  $(document).ready(function( ){
    $("button").click(function( ){
      $("ul li:last-child").css("background-color","green");
    });
  });
  </script>
  </head>
  <body>
```

```
<ul>
<li>新闻</li>
<li>军事</li>
</ul>
<ul>
<li>娱乐</li>
<li>动漫</li>
</ul>
<button type="button">Click me</button>
</body>
</html>
```

在浏览器中测试，执行结果如图 4-19 所示。

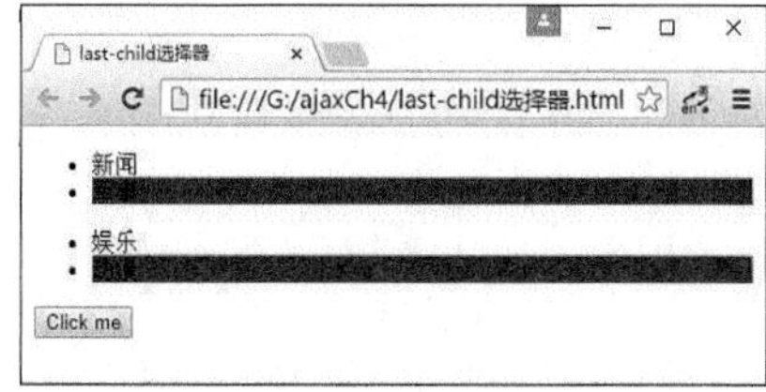

图 4-19 last-child 选择器执行结果

3）:nth-child 选择器

:nth-child 选择器用于选择父元素下的第 N 个子或奇偶元素，格式如下：

```
$("selector:nth-child(index/enen/odd/equation)")
```

示例代码如下，文件名为“nth-child 选择器.html”。

```
<!DOCTYPE HTML>
<HEAD>
<TITLE>nth-child 选择器</TITLE>
<meta charset="utf-8"/>
<script language="JavaScript" type="text/JavaScript" src="jquery-1.10.2.js">
</script>
<script>
$(document).ready(function( ){
  $("button").click(function( ){
    $("ul li:nth-child(2)") .css("color","red");
  });
});
</script>
</head>
<body>
<ul>
<li>新闻</li>
<li>军事</li>
<li>娱乐</li>
<li>动漫</li>
</ul>
<button type="button">Click me</button>
```

```
</body>
</html>
```

在浏览器中测试，执行结果如图 4-20 所示。

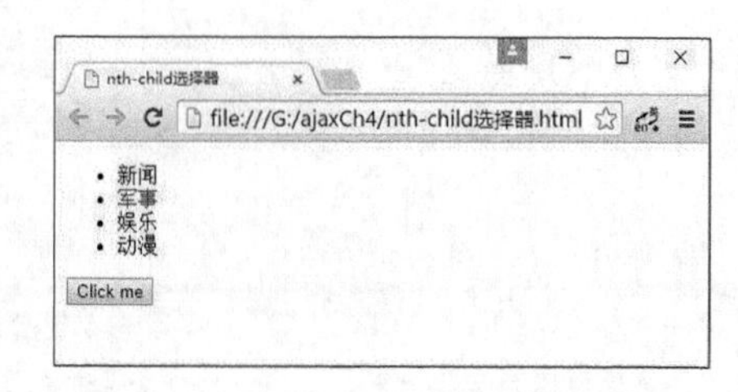

图 4-20 nth-child 选择器执行结果

4）only-child 选择器

only-child 选择器用于选择父元素中唯一的子元素，语法格式如下：

```
$("selector:only-child")
```

示例代码如下，文件名为“only-child 选择器.html”。

```
<!DOCTYPE html>
<html>
<head>
<script type="text/JavaScript" src="jquery.js"></script>
 <script type="text/JavaScript">
 $(document).ready(function( ){
   $("button").click(function( ){
     $("li:only-child").css("color","blue")
   })
 })
 </script>
 </head>
 <body>
 <div>
 <ul>
 <li class="houtai" title="asp">ASP 教程</li>
 </ul>
 <ul>
 <li class="qiantai" title="html">html 教程</li>
 <li class="qiantai" title="div">DIV+CSS 教程</li>
 <li class="qiantai" title="jquery">jQUERY 教程</li>
 <li class="qiantai" title="js">JavaScript 教程</li>
 </ul>
 </div>
 <button>点击查看效果</button>
 </body>
 </html>
```

在浏览器中测试，执行结果如图 4-21 所示。

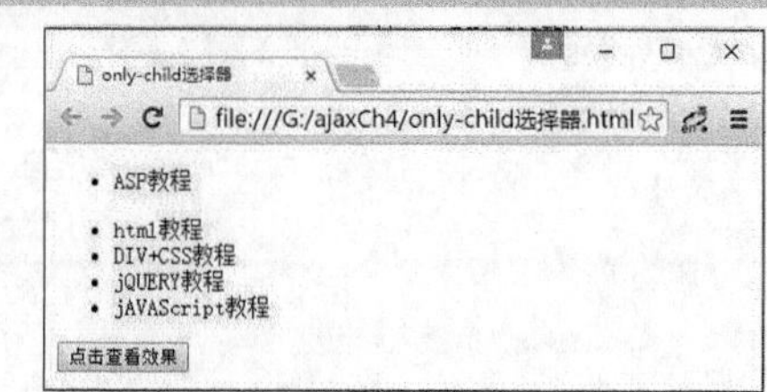

图 4-21 only-child 选择器执行结果

5. 表单域属性过滤选择器

1）:checked 选择器

:checked 用于被选中的所有表单域，语法格式如下：

```
$("selector:checked")
```

2）:enabled 选择器

:enabled 用于所有可用表单域，语法格式如下：

```
$ ("selector:enabled")
```

3）:disabled 选择器

:disabled 用于所有禁用表单域，语法格式如下：

```
$ ("selector:disabled")
```

4）:checked 选择器

:checked 用于从列表框选择所有的 option 元素，语法格式如下：

```
$ ("selector:checked")
```

示例代码如下，文件名为“表单域属性过滤选择器.html”。

```
<!DOCTYPE HTML>
<head>
<title>表单域属性过滤选择器</title>
<meta charset="utf-8"/>
<script language="JavaScript" type="text/JavaScript" src="jquery-1.10.2.js">
</script>
<script>
$(document).ready(function( ){
     $("input:enabled").val("我是有效的按钮");
     $("input:disabled").val("我是无效的按钮");
     $(".btn1").click(function( ){
     $("input:checked").hide( ); });
 });
</script>
</head>
<body>
<input type="button" disabled="disabled" value="button1" />
<input type="button" value="button2" />
<input type="button" value="button3" />
<input type="button" disabled="disabled" value="button4" />
<form action="">
I have a bike:
<input type="checkbox" name="vehicle" value="Bike" />
<br/>
I have a car:
<input type="checkbox" name="vehicle" value="Car" checked="checked"/>
<br/>
I have an airplane:
<input type="checkbox" name="vehicle" value="Airplane" />
```

```
</form>
<br/>
<button class="btn1">Hide Checked
Options</button>
</body>
</html>
```

在浏览器中测试，执行结果如图 4-22 所示。

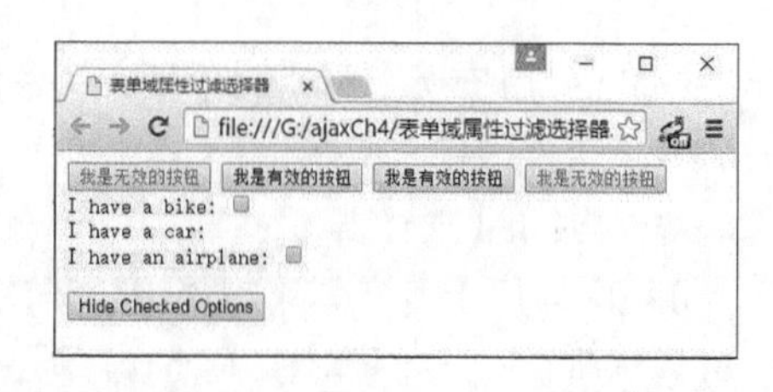

图 4-22　表单域属性过滤选择器执行结果

4.3　jQuery 中的 DOM 操作

DOM 是 Document Object Model 的缩写，意思是文档对象模型。DOM 是一种与浏览器、平台、语言无关的接口，使用该接口可以轻松地访问页面中所有的标准组件。DOM 操作可以分为三个方面，即 DOM Core（核心）、HTM-DOM 和 CSS-DOM。

4.3.1　jQuery 中基本的 DOM 操作

1．**查找结点**

查找 HMTL 文档中的元素结点，可以根据选择器来查找，代码如下：

```
$("element")
$("#id")
$(".class")
$("*")
```

1）查找文本结点

查找文本结点可以通过 text()方法来获得，代码如下：

```
$("#id").text( )
```

2）查找属性结点

查找属性结点可以通过 attr()方法来实现，代码如下：

```
$("#id").attr(name)
```

2．**删除结点**

jQuery 提供了两种删除结点的方法：remove()和 empty()。

1）remove()方法

remove()方法用于删除文档中所有的匹配点，语法格式如下：

```
$(selector).remove([selector1])
```

示例代码如下，文件名为“remove 删除结点.html”。

```
<!DOCTYPE html>
<head>
<title>remove( )删除结点</title>
<meta charset="utf-8"/>
<head>
```

```
<script type="text/JavaScript" src="jquery-1.10.2.js"></script>
<script>
$(document).ready(function( ){
  $("button").click(function( ){
    $("#div1").remove( );
  });
});
</script>
</head>
<body>
<div id="div1" style="height:100px;width:300px;border:1px solid black;
background-color:yellow;">
This is some text in the div.
<p>This is a paragraph in the div.</p>
<p>This is another paragraph in the div.</p>
</div>
<br>
<button>删除 div 元素</button>
</body>
</html>
```

在浏览器中测试，执行结果如图 4-23 和图 4-24 所示。

2）empty( )方法

empty( )删除区配结点的所有子结点，区配结点集合本身并不删除，语法格式如下：

```
$(selector).empty( )
```

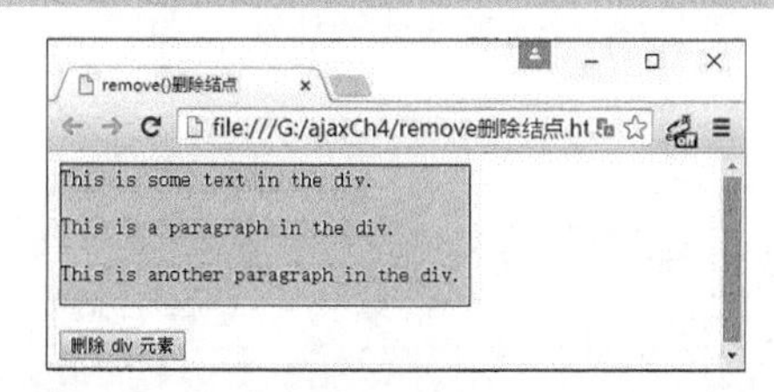

图 4-23　remove 删除结点执行前

图 4-24　remove 删除结点执行后

示例代码如下，文件名为“empty 删除结点.html”。

```
<!DOCTYPE html>
<head>
<title>empty( )删除结点</title>
<meta charset="utf-8"/>
<head>
<script type="text/JavaScript" src="jquery-1.10.2.js"></script>
<script>
```

```
$(document).ready(function( ){
  $("button").click(function( ){
    $("#div1").empty( );
  });
});
</script>
</head>
<body>
<div id="div1" style="height:100px;width:300px;border:1px solid black;
background-color:yellow;">
This is some text in the div.
<p>This is a paragraph in the div.</p>
<p>This is another paragraph in the div.</p>
</div>
<br>
<button>清空 div 元素</button>
</body>
</html>
```

在浏览器中测试，执行结果如图 4-25 和图 4-26 所示。

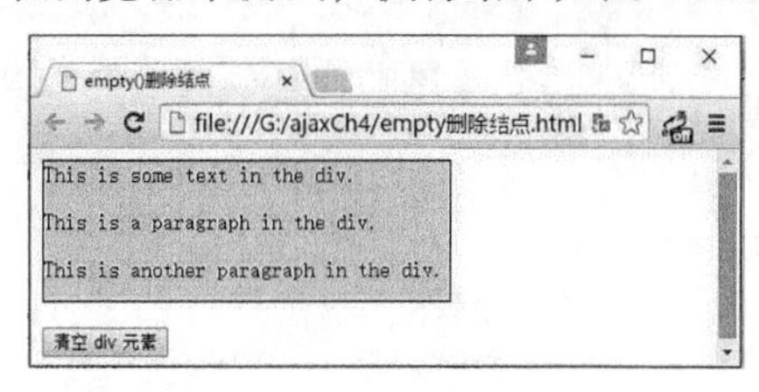

图 4-25　empty 删除结点执行前

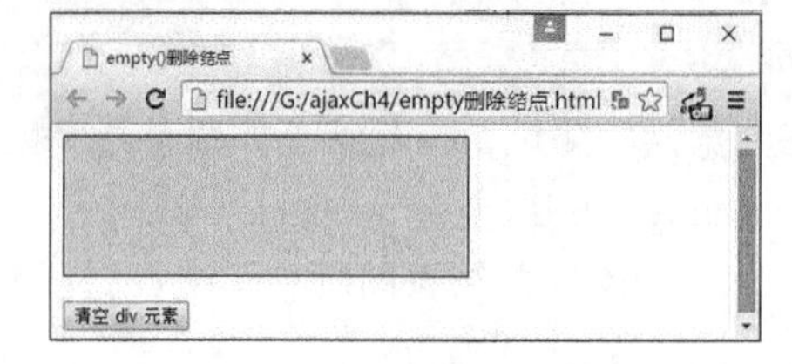

图 4-26　empty 删除结点执行后

3. **复制结点**

复制结点使用 clone( )方法，语法格式如下：

```
$(selector).clone([true]
```

使用 clone( )复制结点后，被复制的新元素并不具有任何行为。如果需要新元素有复制功能，则应使用 clone(true)。

```
$(this).clone( ).appendTo("ul");//复制当前结点，并将它追加到<ul>元素中
```

4. **替换结点**

替换结点方法能够替换某个结点，由 replaceWith( )和 replaceAll( )两种形式来实现。ReplaceWith( )方法是以后面的元素替换前面的元素，replaceAll( )方法是以前面的元素替换后面的元素，方法如下：

```
$(oldelement).replaceWith(newelement);
$(newelement).repalceAll(oldelement);
```

示例代码如下：

```
$("p").replaceWith("<strong>我要留下</strong>");
//该方法使用 strong 元素替换 p 元素
$("<h3>替换 strong</h3>").repalceAll("strong");
//该例使用 h3 元素替换所有的 strong 元素结点
```

5. **插入结点**

动态新建元素不添加到文档中没有实际意义，将新建的结点插入到文档中有多种方法，如 append( )、appendTo( )、prepend( )、prependTo( )、after( )、insertAfter( )、before( )、insertBefore( )。

1）append( )方法

append( )方法向匹配的元素内部追加内容，语法格式如下：

```
$("target").append(element);
```

示例代码如下，文件名为“append 插入结点.html”。

```
<!DOCTYPE html>
<head>
<title>append( )插入结点</title>
<meta charset="utf-8"/>
<head>
<script type="text/JavaScript" src="jquery-1.10.2.js"></script>
<script>
$(document).ready(function( ){
  $("button").click(function( ){
    $("p").append(" <b>Hello world!</b>");
  });
});
</script>
</head>
<body>
<p>This is a paragraph.</p>
<p>This is another paragraph.</p>
<button>在每个 p 元素的结尾添加内容</button>
</body>
</html>
```

在浏览器中测试，执行结果如图 4-27 所示。

2）appendTo( )方法

appendTo( )方法将所有匹配的元素追加到指定的元素中，方法如下：

```
$(element).appendTo(target);
```

示例代码如下，文件名为“appendTo 插入结点.html”。

```
<!DOCTYPE html>
<head>
```

```
<title>appendTo( )插入结点</title>
<meta charset="utf-8"/>
<head>
<script type="text/JavaScript" src="jquery-1.10.2.js"></script>
<script>
$(document).ready(function( ){
  $("button").click(function( ){
    $("<b> Hello World!</b>").appendTo("p");
  });
});
</script>
</head>
<body>
<p>This is a paragraph.</p>
<p>This is another paragraph.</p>
<button>在每个 p 元素的结尾添加内容</button>
</body>
</html>
```

在浏览器中测试，单击两次按钮后，执行结果如图 4-28 所示。

图 4-27　append( )插入结点执行结果

图 4-28　appendTo( )插入结点执行结果

3）prepend( )方法

prepend( )方法将每一个匹配的元素内部前置要添加的元素，方法如下：

```
$(target).prepend(element);
```

示例代码如下，文件名为“prepend 插入结点.html”。

```
<!DOCTYPE html>
<head>
<title>prepend( )插入结点</title>
<meta charset="utf-8"/>
<head>
<script type="text/JavaScript" src="jquery-1.10.2.js"></script>
<script>
$(document).ready(function( ){
  $("#btn1").click(function( ){
    $("p").prepend("<b>Prepended text</b>. ");
```

```
  });
  $("#btn2").click(function( ){
    $("ol").prepend("<li>Prepended item</li>");
  });
});
</script>
</head>
<body>
<p>This is a paragraph.</p>
<p>This is another paragraph.</p>
<ol>
<li>List item 1</li>
<li>List item 2</li>
<li>List item 3</li>
</ol>
<button id="btn1">添加文本</button>
<button id="btn2">添加列表项</button>
</body>
</html>
```

在浏览器中测试，分别单击两个按钮各一次后，执行结果如图 4-29 和图 4-30 所示。

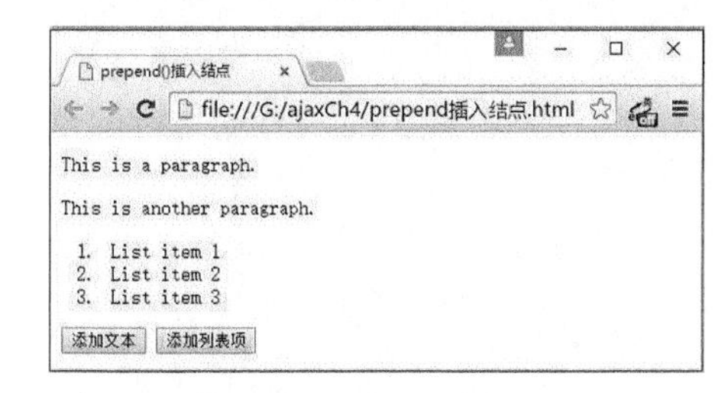

图 4-29　prepend 插入结点执行前

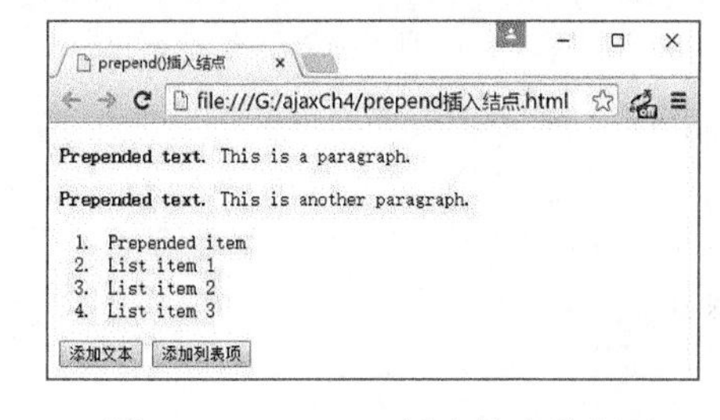

图 4-30　prepend 插入结点执行后

4）prependTo( )方法

prependTo( )方法将元素添加到每一个匹配的元素内部前置，方法如下：

```
$(element).prependTo( );
```

示例代码如下，文件名为“prependTo 插入结点.html”。

```
<!DOCTYPE html>
<head>
<title>prependTo( )插入结点</title>
<meta charset="utf-8"/>
<head>
<script type="text/JavaScript" src="jquery-1.10.2.js"></script>
<script>
$(document).ready(function( ){
```

```
  $(".btn1").click(function( ){
    $("<b>Hello World!</b>").prependTo("p");
  });
});
</script>
</head>
<body>
<p>This is a paragraph.</p>
<p>This is another paragraph.</p>
<button class="btn1">在每个 p 元素的开头插入文本</button>
</body>
</html>
```

在浏览器中测试，执行结果如图 4-31 所示。

5）after( )方法

after( )方法向匹配的元素后面添加元素，新添加的元素作为目标元素后紧邻的兄弟元素。方法如下：

```
$(target).after(element);
```

示例代码如下，文件名为“after 插入结点.html”。

```
<!DOCTYPE html>
<head>
<title>after( )插入结点</title>
<meta charset="utf-8"/>
<head>
<script type="text/JavaScript" src="jquery-1.10.2.js"></script>
<script>
$(document).ready(function( ){
  $("button").click(function( ){
    $("p").after("<p>Hello world!</p>");
  });
});
</script>
</head>
<body>
<p>This is a paragraph.</p>
<button>在每个 p 元素后插入内容</button>
</body>
</html>
```

在浏览器中测试，执行结果如图 4-32 所示。

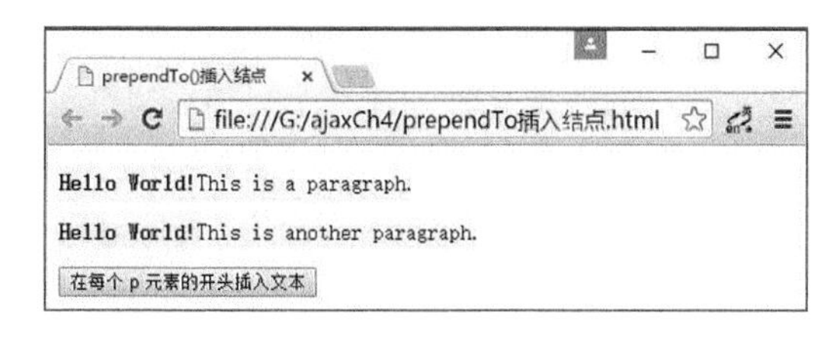

图 4-31 prependTo 插入结点执行结果

图 4-32 after 插入结点执行结果

6）insertAfter( )方法

insertAfter( )方法将新建的元素插入到查找到的目标元素后作为目标元素的兄弟结点。方法如下：

```
$(element).insertAfter(target);
```

示例代码如下，文件名为“insertAfter 插入结点.html”。

```
<!DOCTYPE html>
<head>
<title>insertAfter( )插入结点</title>
<meta charset="utf-8"/>
<head>
<script type="text/JavaScript" src="jquery-1.10.2.js"></script>
<script>
$(document).ready(function( ){
  $("button").click(function( ){
    $("<span>你好! </span>").insertAfter("p");
  });
});
</script>
</head>
<body>
<p>这是一个段落</p>
<p>这是另一个段落</p>
<button>在每个 p 元素之后插入 span 元素</button>
</body>
</html>
```

在浏览器中测试，执行结果如图 4-33 和图 4-34 所示。

图 4-33 insertAfter( )插入结点执行前

图 4-34 insertAfter( )插入结点执行后

7）before( )方法

before( )方法在每一个匹配的元素之前插入新建元素作为匹配元素的前一个兄弟结点。方法如下：

```
$(target).before(element);
```

示例代码如下，文件名为“before 插入结点.html”。

```
<!DOCTYPE html>
<head>
<title>before( )插入结点</title>
<meta charset="utf-8"/>
<head>
<script type="text/JavaScript" src="jquery-1.10.2.js"></script>
<script>
$(document).ready(function( ){
  $(".btn1").click(function( ){
    $("p").before("<p>Hello world!</p>");
  });
});
</script>
</head>
<body>
<p>This is a paragraph.</p>
<button class="btn1">在每个段落前面插入新的段落</button>
</body>
</html>
```

在浏览器中测试，执行结果如图 4-35 所示。

8）insertBefore( )方法

insertBefore( )方法将新建元素添加到目标元素前作为目标元素的前一个兄弟结点，方法如下：

```
$(element).insertBefore(target);
```

示例代码如下，文件名为“insertBefore 插入结点.html”。

```
<!DOCTYPE html>
<head>
<title>insertBefore( )插入结点</title>
<meta charset="utf-8"/>
<head>
<script type="text/JavaScript" src="jquery-1.10.2.js"></script>
<script>
$(document).ready(function( ){
  $("button").click(function( ){
```

```
    $("<span>你好! </span>").insertBefore("p");
  });
});
</script>
</head>
<body>
<p>这是一个段落。</p>
<p>这是另一个段落。</p>
<button>在每个 p 元素之前插入 span 元素</button>
</body>
</html>
```

在浏览器中测试，执行结果如图 4-36 所示。

图 4-35　before 插入结点执行结果

图 4-36　insertBefore 插入结点执行结果

4.3.2　包裹操作

包裹结点方法使用其他标记包裹目标元素从而改变元素的显示形式等，并且该操作不会破坏原始文档的词义。包裹结点有 wrap( )、wrapAll( )和 wrapInner( ) 三种实现形式。

1. wrap( )

wrap( )的使用方法如下：

```
$(dstelement).wrap(tag);
```

示例代码如下，文件名为“wrap 包裹结点.html”。

```
<!DOCTYPE html>
<head>
<title>wrap( )包裹结点</title>
<meta charset="utf-8"/>
<head>
<script type="text/JavaScript" src="jquery-1.10.2.js"></script>
<script>
$(document).ready(function( ){
  $(".btn1").click(function( ){
    $("p").wrap("<div></div>");
  });
```

```
});
</script>
<style type="text/css">
div{background-color:yellow;}
</style>
</head>
<body>
<p>This is a paragraph.</p>
<p>This is another paragraph.</p>
<button class="btn1">用 div 包裹每个段落</button>
</body>
</html>
```

在浏览器中测试，执行结果如图 4-37 所示。

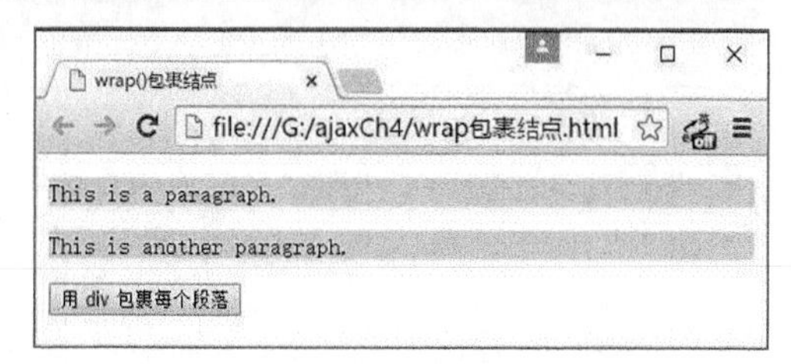

图 4-37　wrap 包裹节点执行结果

2. wrapAll( )

wrapAll( )方法是在指定的 HTML 内容或元素中放置所有被选元素，语法格式如下：

```
$(dstelement).wrapAll(tag);
```

示例代码如下，文件名为“wrapAll 包裹结点.html”。

```
<!DOCTYPE html>
<head>
<title>wrapAll( )包裹结点</title>
<meta charset="utf-8"/>
<head>
<script type="text/JavaScript" src="jquery-1.10.2.js"></script>
<script>
$(document).ready(function( ){
  $(".btn1").click(function( ){
    $("p").wrapAll("<div></div>");
  });
});
</script>
<style type="text/css">
div{background-color:yellow;}
</style>
</head>
<body>
<p>This is a paragraph.</p>
<p>This is another paragraph.</p>
```

```
<button class="btn1">用一个 div 包裹所有段落</button>
</body>
</html>
```

在浏览器中测试，执行结果如图 4-38 所示。

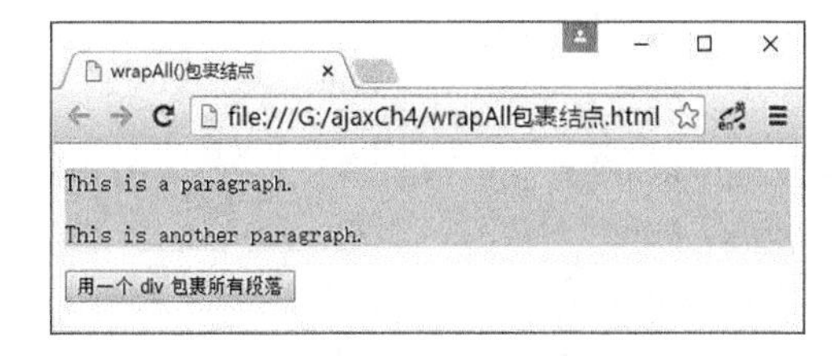

图 4-38　wrapAll 包裹节点执行结果

3. wrapInner( )

wrapInner( )方法使用指定的 HTML 内容或元素，来包裹每个被选元素中的所有内容（inner HTML），语法格式如下：

```
$(dstelement).wrapInner(tag);
```

示例代码如下，文件名为“wrapInner 包裹结点.html”。

```
<!DOCTYPE html>
<head>
<title>wrapInner( )包裹结点</title>
<meta charset="utf-8"/>
<head>
<script type="text/JavaScript" src="jquery-1.10.2.js"></script>
<script>
$(document).ready(function( ){
  $(".btn1").click(function( ){
    $("p").wrapInner("<b></b>");
  });
});
</script>
</head>
<body>
<p>This is a paragraph.</p>
<p>This is another paragraph.</p>
<button class="btn1">加粗段落中的文本</button>
</body>
</html>
```

在浏览器中测试，执行结果如图 4-39 所示。

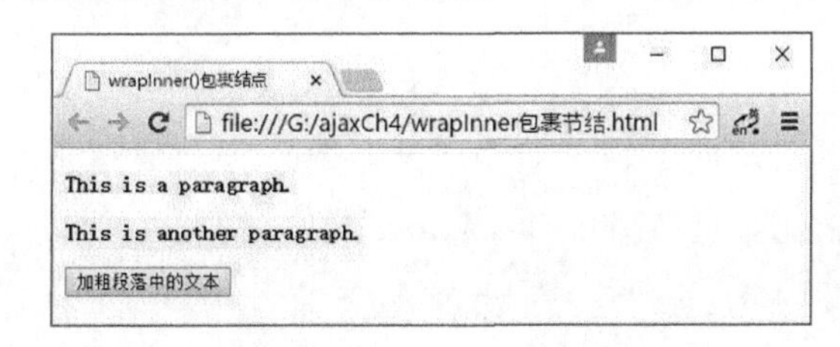

图 4-39　wrapInner 包裹结点执行结果

4.4 jQuery 中的 HTML 操作

4.4.1 元素内容

1. 操作 HTML

1）获取 HTML 内容

html( )没有参数可以获取匹配元素集合中的第 1 个元素的 HTML 内容，并返回字符串，语法格式如下：

```
html( )
```

示例代码如下，文件名为“获取 html 内容.html”。

```
<!DOCTYPE html>
<head>
<title>获取 html 内容</title>
<meta charset="utf-8"/>
<head>
<script type="text/JavaScript" src="jquery-1.10.2.js"></script>
<script>
$(document).ready(function( ) {
var htmlString = $("ul li").html( );
alert(htmlString);
});
</script>
</head>
<body>
<ul>
<li><a href="#">北京</a></li>
<li>上海</li>
<li>广州</li>
</ul>
</body>
</html>
```

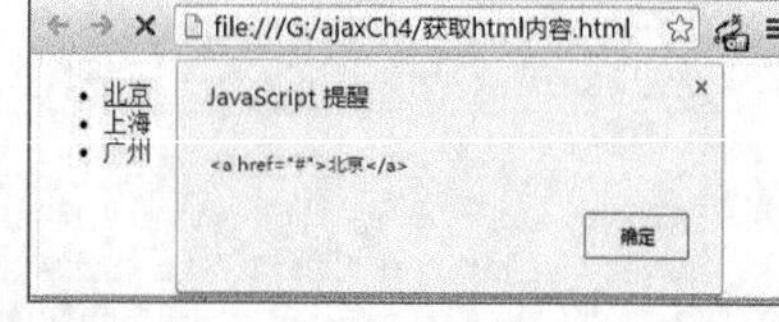

图 4-40 获取 html 内容执行结果

在浏览器中测试，执行结果如图 4-40 所示。

2）设置 HTML 内容

html( )可以设置元素的 HTML 内容，语法格式如下：

```
html(htmlString)
```

示例代码如下，文件名为“设置 html 内容.html”。

```
<!DOCTYPE html>
<head>
<title>设置 html 内容</title>
```

```
<meta charset="utf-8"/>
<head>
<script type="text/JavaScript" src="jquery-1.10.2.js"></script>
<script type="text/JavaScript">
$(document).ready(function( ) {
  $("ul li").html(function(index, html) {
    if(index == 0) {
      return "<span style='color: red;'>" + html+ "</span>";
    }
    else {
      return "<span style='color: yellow;'>" + html+ "</span>";
    }
  });
});
</script>
</head>
<body>
<ul>
<li><a href="#">北京</a></li>
<li>上海</li>
<li>广州</li>
<li>西安</li>
</ul>
</body>
</html>
```

在浏览器中测试，执行结果如图 4-41 所示。

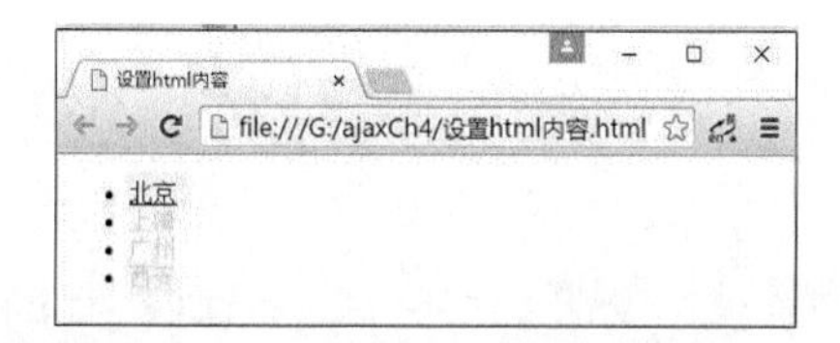

图 4-41　设置 html 内容执行结果

2. 操作文本

1）获取文本内容

不带参数的方法 text( )可以获得所有匹配元素的内容。

示例代码如下，文件名为“获取文本内容.html”。

```
<!DOCTYPE html>
<head>
<title>获取文本内容</title>
<meta charset="utf-8"/>
<head>
<script type="text/JavaScript" src="jquery-1.10.2.js"></script>
<script>
$(document).ready(function( ){
```

```
  $("#btn1").click(function( ){
    alert("Text: " + $("#test").text( ));
  });
  $("#btn2").click(function( ){
    alert("HTML: " + $("#test").html( ));
  });
});
</script>
</head>
<body>
<p id="test">这是段落中的<b>粗体</b>文本。</p>
<button id="btn1">显示文本</button>
<br/>
<button id="btn2">显示 HTML</button>
</body>
</html>
```

在浏览器中测试，单击“显示文本”按钮后，执行结果如图 4-42 所示。

图 4-42　获取文本内容执行结果

2）设置文本内容

text（textString）可以设置匹配元素集合中每个元素的文本内容。

示例代码如下，文件名为“设置文本内容.html”。

```
<!DOCTYPE html>
<head>
<title>设置文本内容</title>
<meta charset="utf-8"/>
<head>
<script type="text/JavaScript" src="jquery-1.10.2.js"></script>
<script>
$(document).ready(function( ){
  $("#btn1").click(function( ){
    $("#test1").text("Hello world!");
  });
});
</script>
</head>
<body>
<p id="test1">这是段落。</p>
<p id="test2">这是另一个段落。</p>
<p>Input field: <input type="text" id="test3" value="Mickey Mouse"></p>
```

```
<button id="btn1">设置文本</button>
</body>
</html>
```

在浏览器中测试，单击“设置文本”按钮后，执行结果如图 4-43 和图 4-44 所示。

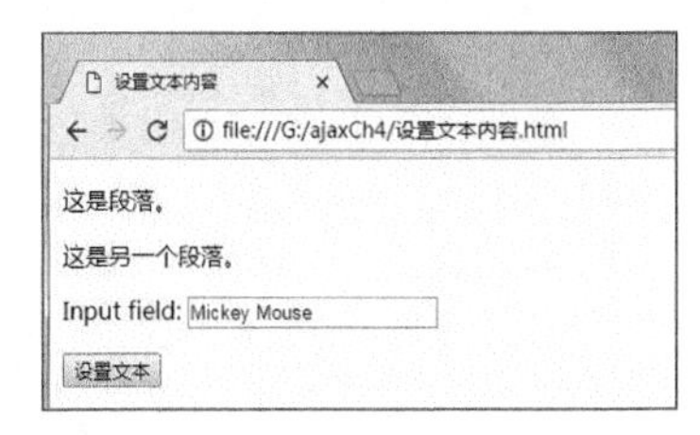

图 4-43　设置文本内容执行前

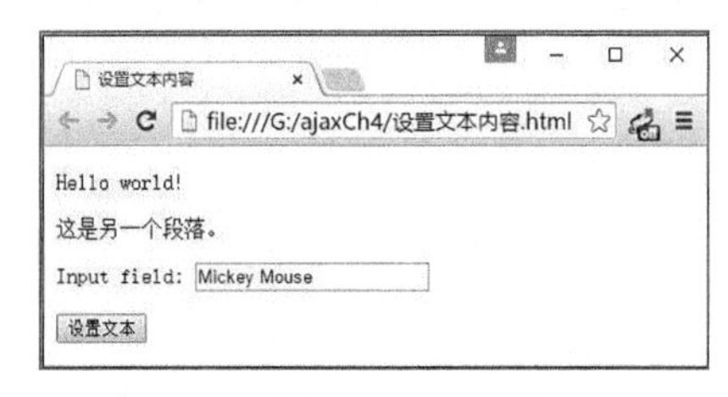

图 4-44　设置文本内容执行后

3. **操作值**

1）获取元素值

val( )方法不带参数时，返回 1 个匹配元素的值。

示例代码如下，文件名为“获取元素值.html”。

```
<!DOCTYPE html>
<html>
<head>
<script src="/jquery/jquery-1.11.1.min.js"></script>
<script>
$(document).ready(function( ){
  $("button").click(function( ){
    alert("Value: " + $("#test").val( ));
  });
});
</script>
</head>
<body>
<p>姓名: <input type="text" id="test" value="米老鼠"></p>
<button>显示值</button>
</body>
</html>
```

在浏览器中测试，执行结果如图 4-45 所示。

图 4-45　获取元素值执行结果

2）设置元素值

当 val( )方法传递一个字符串或数组作为参数时，它将用于设置匹配集合中的每个元素的值。

示例代码如下，文件名为“设置元素值.html”。

```
<!DOCTYPE html>
<head>
```

```
<title>设置元素值</title>
<meta charset="utf-8"/>
<head>
<script type="text/JavaScript" src="jquery-1.10.2.js"></script>
<script>
$(document).ready(function( ){
  $("#btn3").click(function( ){
    $("#test3").val("Dolly Duck");
  });
});
</script>
</head>
<body>
<p id="test1">这是段落。</p>
<p id="test2">这是另一个段落。</p>
<p>Input field: <input type="text" id="test3" value="Mickey Mouse"></p>
<button id="btn3">设置值</button>
</body>
</html>
```

在浏览器中测试，执行结果如图 4-46 和图 4-47 所示。

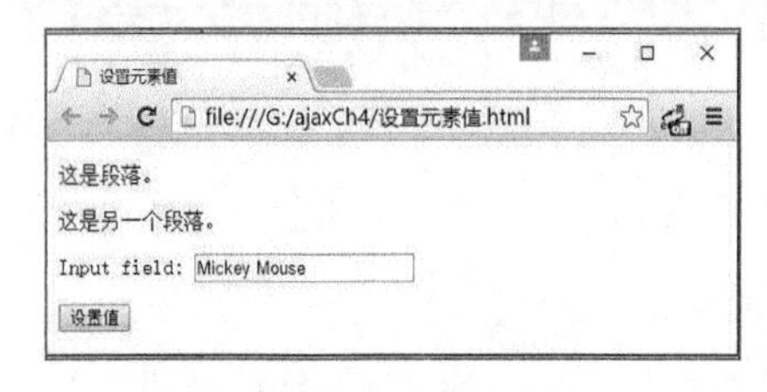

图 4-46　设置元素值执行前

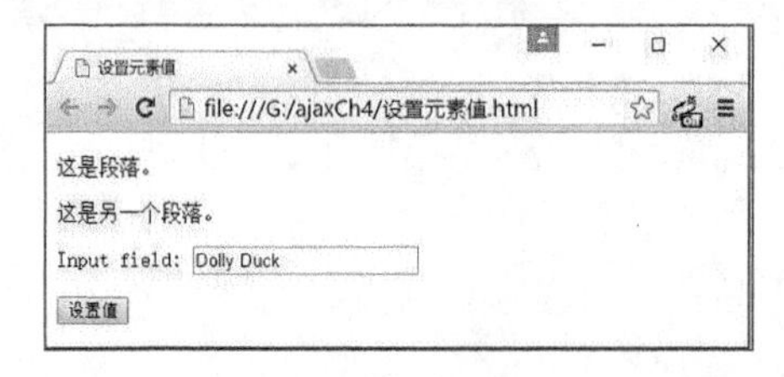

图 4-47　设置元素值执行后

4.4.2　元素属性

在 jQuery 中只需要使用 attr( )方法即可完成对元素属性的获取和设置，使用 removeAttr( )方法可以删除元素属性。

1. 读取属性

attr( )方法用于获取属性值。

示例代码如下，文件名为“attr 读取属性.html”。

```
<!DOCTYPE html>
<head>
<title>attr 读取属性</title>
<meta charset="utf-8"/>
<head>
```

```
<script type="text/JavaScript" src="jquery-1.10.2.js"></script>
<script>
$(document).ready(function( ){
  $("button").click(function( ){
    alert($("#1").attr("href"));
  });
});
</script>
</head>
<body>
<p><a href="http://www.baidu.com" id="1">www.baidu.com</a></p>
<button>显示 href 值</button>
</body>
</html>
```

在浏览器中测试，执行结果如图 4-48 所示。

2. 设置属性

attr( )中有参数时，用于设置属性值。

示例代码如下，文件名为“attr 设置属性.html”。

```
<!DOCTYPE html>
<head>
<title>attr设置属性</title>
<meta charset="utf-8"/>
<head>
<script type="text/JavaScript" src="jquery-1.10.2.js"></script>
<script>
$(document).ready(function( ){
  $("button").click(function( ){
    $("#1").attr("href","http://www.qq.com");
  });
});
</script>
</head>
<body>
<p><a href="http://www.baidu.com" id="1">www.baidu.com</a></p>
<button>改变 href 值</button>
</body>
</html>
```

在浏览器中测试，执行结果如图 4-49 所示。

图 4-48 attr 读取属性执行结果

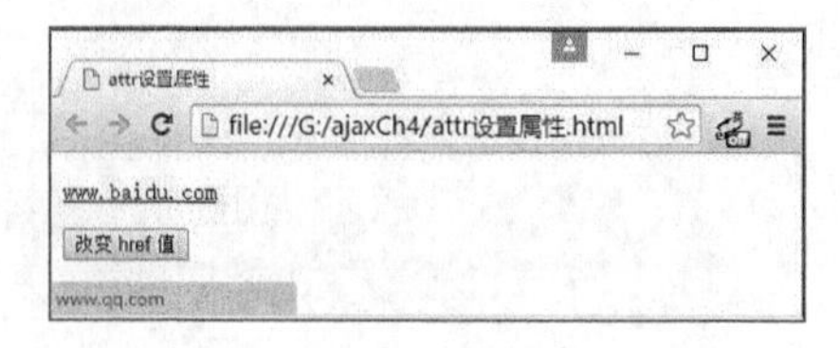

图 4-49 attr 设置属性执行结果

3. 删除属性

使用 removeattr( )方法可以删除某个元素的特点属性，语法格式如下：

```
removeAttr(attributeName);
```

示例代码如下，文件名为“删除属性.html”。

```
<!DOCTYPE html>
<head>
<title>删除属性</title>
<meta charset="utf-8"/>
<head>
<script type="text/JavaScript" src="jquery-1.10.2.js"></script>
<script>
$(document).ready(function( ){
  $("button").click(function( ){
    $("p").removeAttr("style");
  });
});
</script>
</head>
<body>
<h1>这是一个标题</h1>
<p style="font-size:120%;color:red">这是一个段落。</p>
<p>这是另一个段落。</p>
<button>删除所有 p 元素的 style 属性</button>
</body>
</html>
```

在浏览器中测试，执行结果如图 4-50 所示。

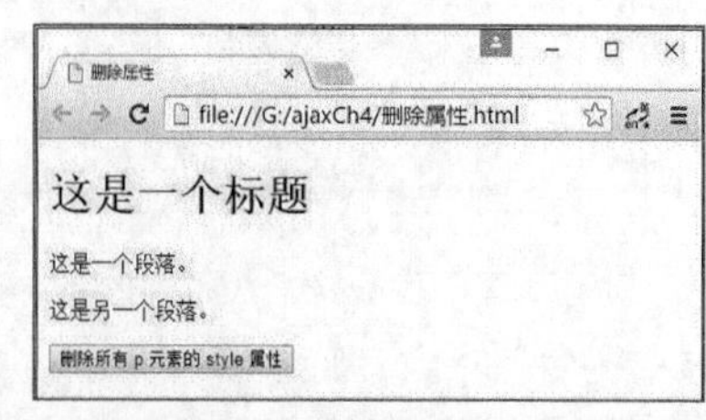

图 4-50 删除属性执行结果

4.4.3 元素样式

1. 添加样式类

addClass( )方法用于向被选元素添加一个或多个类。

语法格式如下：

```
addClass(className)
```

示例代码中为元素添加一个样式类，代码如下，文件名为“添加样式表.html”。

```
<!DOCTYPE html>
<head>
<title>添加样式表</title>
<meta charset="utf-8"/>
<head>
<script type="text/JavaScript" src="jquery-1.10.2.js"></script>
<script>
$(document).ready(function( ){
    $("button").click(function( ){
        $("h1,h2,p").addClass("blue");
        $("div").addClass("important");
    });
});
</script>
<style type="text/css">
.important
{
    font-weight:bold;
    font-size:xx-large;
}
.blue
{
    color:blue;
}
</style>
</head>
<body>
<h1>标题 1</h1>
<h2>标题 2</h2>
<p>这是一个段落。</p>
<p>这是另一个段落。</p>
<div>这是非常重要的文本！</div>
<br>
<button>向元素添加类</button>
</body>
</html>
```

在浏览器中测试，执行结果如图 4-51 所示。

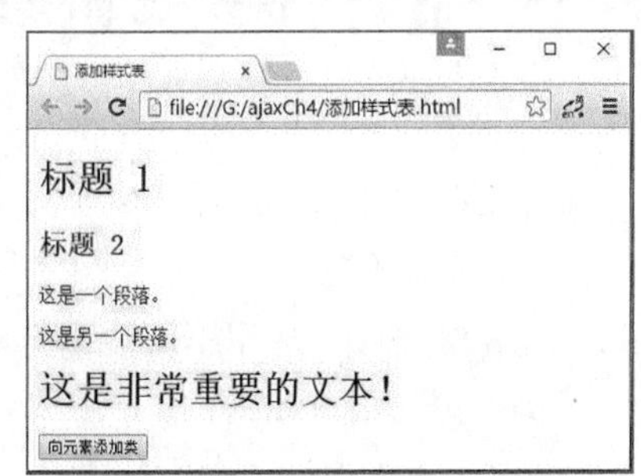

图 4-51　添加样式表执行结果

示例代码中为元素添加多个样式类，代码如下，

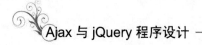

文件名为“添加多个样式表.html”。

```
<!DOCTYPE html>
<head>
<title>添加多个样式表</title>
<meta charset="utf-8"/>
<head>
<script type="text/JavaScript" src="jquery-1.10.2.js"></script>
<script>
$(document).ready(function( ){
   $("button").click(function( ){
      $("#div1").addClass("important blue");
   });
});
</script>
<style type="text/css">
.important
{
   font-weight:bold;
   font-size:xx-large;
}
.blue
{
   color:blue;
}
</style>
</head>
<body>
<div id="div1">这是一些文本。</div>
<div id="div2">这是一些文本。</div>
<br>
<button>向第一个 div 元素添加类</button>
</body>
</html>
```

在浏览器中测试，执行结果如图 4-52 所示。

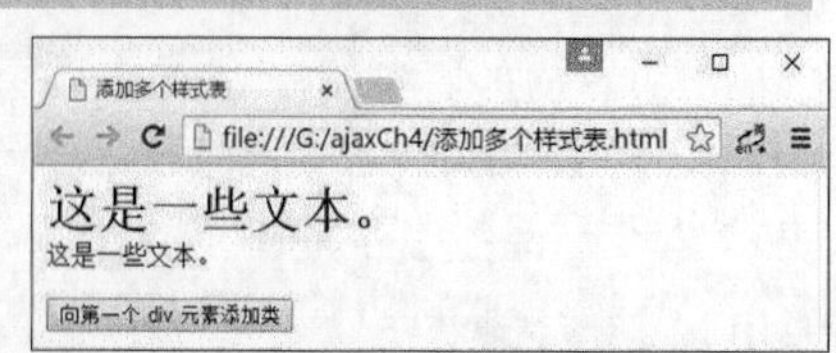

图 4-52　添加多个样式表执行结果

2. **移除样式类**

removeClass( )方法用于从被选元素中删除一个或多个样式类，语法格式如下：

```
removeClass([className])
```

示例代码如下，文件名为“移除样式表.html”。

```
<!DOCTYPE html>
<head>
<title>移除样式类</title>
<meta charset="utf-8"/>
<head>
<script type="text/JavaScript" src="jquery-1.10.2.js"></script>
<script>
$(document).ready(function( ){
    $("button").click(function( ){
      $("h1,h2,p").removeClass("underline");
    });
});
</script>
<style type="text/css">
.important
{
    font-weight:bold;
    font-size:xx-large;
}
.underline
{
    text-decoration:underline;
}
</style>
</head>
<body>
<h1 class="underline">标题 1</h1>
<h2 class="underline">标题 2</h2>
<p class="underline">这是一个段落。</p>
<p>这是另一个段落。</p>
<br>
<button>从元素上删除类</button>
</body>
</html>
```

图 4-53　移除样式表执行结果

在浏览器中测试，执行结果如图 4-53 所示。

3. 切换样式类

toggleClass( )方法用于对被选元素进行添加/删除样式类的切换操作，语法格式如下：

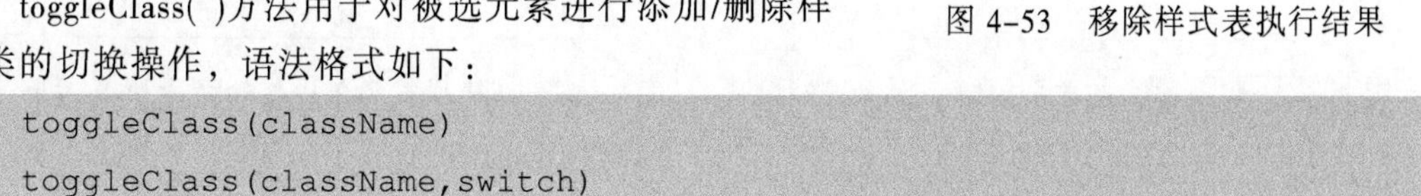

```
toggleClass(className)
toggleClass(className,switch)
```

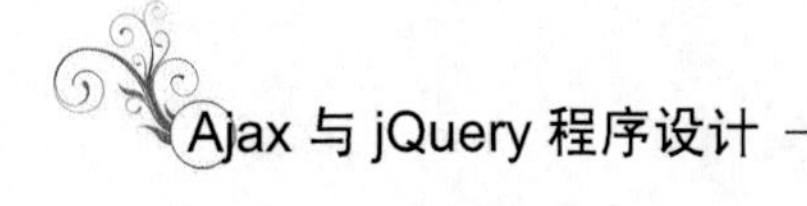

示例代码如下，文件名为“切换样式类.html”。

```
<!DOCTYPE html>
<head>
<title>切换样式类</title>
<meta charset="utf-8"/>
<head>
<script type="text/JavaScript" src="jquery-1.10.2.js"></script>
<script>
$(document).ready(function( ){
    $("button").click(function( ){
        $("h1,h2,p").toggleClass("underline");
    });
});
</script>
<style type="text/css">
.underline
{
    text-decoration:underline;
}
</style>
</head>
<body>
<h1>标题 1</h1>
<h2>标题 2</h2>
<p>这是一个段落。</p>
<p>这是另一个段落。</p>
<button>切换 CSS 类</button>
</body>
</html>
```

在浏览器中测试，单击按钮一次，执行结果如图 4-54 所示。

在图 4-54 的基础上再次单击按钮，执行结果如图 4-55 所示。

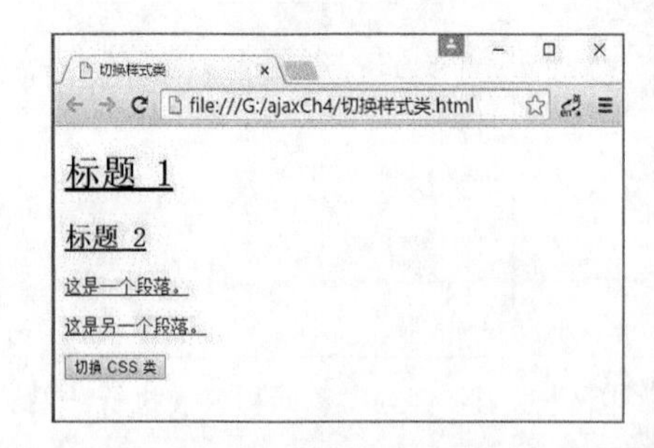

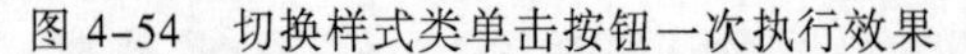

图 4-54　切换样式类单击按钮一次执行效果

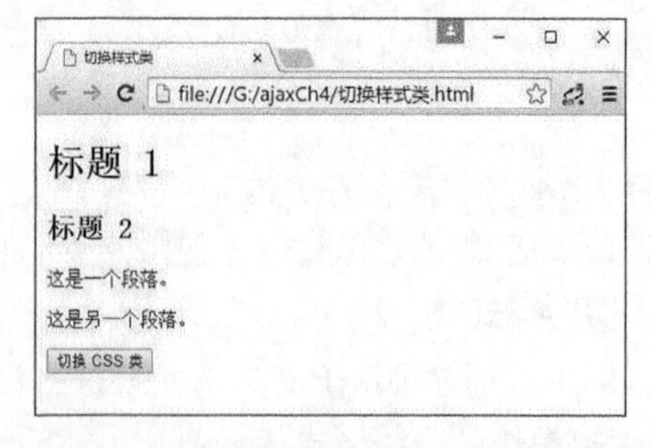

图 4-55　切换样式类单击按钮两次执行效果

4.4.4　元素 CSS

1. 读取 CSS 样式

读取 CSS 样式的语法格式如下：

```
css("propertyname");
```

示例代码如下，文件名为“读取 CSS 样式.html”。

```
<!DOCTYPE html>
<head>
<title>读取 CSS 样式</title>
<meta charset="utf-8"/>
<head>
<script type="text/JavaScript" src="jquery-1.10.2.js"></script>
<script>
$(document).ready(function( ){
  $("button").click(function( ){
    alert("Background color = " + $("p").css("background-color"));
  });
});
</script>
</head>
<body>
<h2>这是标题</h2>
<p style="background-color:#ff0000">这是一个段落。</p>
<p style="background-color:#00ff00">这是一个段落。</p>
<p style="background-color:#0000ff">这是一个段落。</p>
<button>返回 p 元素的背景色</button>
</body>
</html>
```

在浏览器中测试，单击按钮一次，执行结果如图 4-56 所示。

2. 设置 CSS 样式

设置 CSS 样式的语法格式如下：

```
css("propertyname","value");
```

示例代码如下，文件名为“设置 CSS 样式.html”。

```
<!DOCTYPE html>
<html>
<head>
<script src="/jquery/jquery-1.11.1.min.js"></script>
<script>
$(document).ready(function( ){
```

```
  $("button").click(function( ){
    $("p").css("background-color","yellow");
  });
});
</script>
</head>

<body>
<h2>这是标题</h2>
<p style="background-color:#ff0000">这是一个段落。</p>
<p style="background-color:#00ff00">这是一个段落。</p>
<p style="background-color:#0000ff">这是一个段落。</p>
<p>这是一个段落。</p>
<button>设置 p 元素的背景色</button>
</body>
</html>
```

在浏览器中测试，单击按钮一次，执行结果如图 4-57 所示。

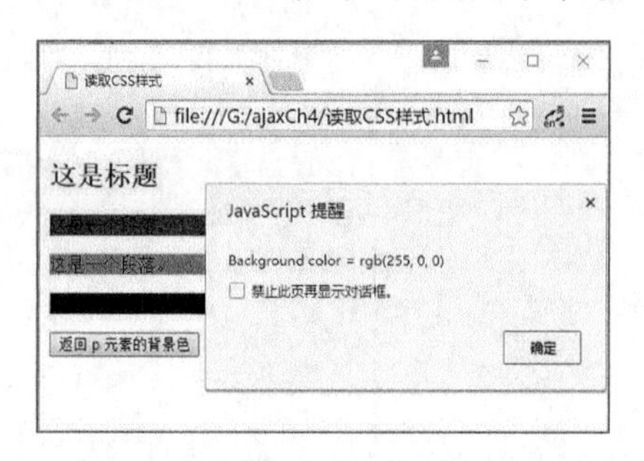

图 4-56　读取 CSS 样式执行结果

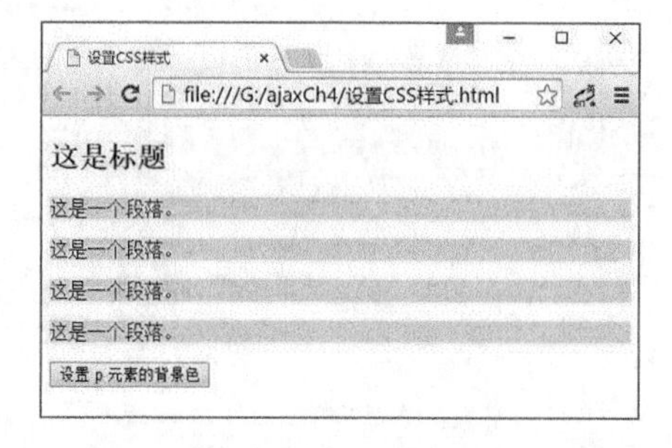

图 4-57　设置 CSS 样式执行结果

设置多个 CSS 样式的语法格式如下：

```
css({"propertyname":"value","propertyname":"value",…});
```

示例代码如下，文件名为“设置多个 CSS 样式.html”。

```
<!DOCTYPE html>
<head>
<title>设置 CSS 样式</title>
<meta charset="utf-8"/>
<head>
<script type="text/JavaScript" src="jquery-1.10.2.js"></script>
<script>
$(document).ready(function( ){
  $("button").click(function( ){
    $("p").css({"background-color":"yellow","font-size":"200%"});
```

```
    });
  });
  </script>
  </head>

  <body>
  <h2>这是标题</h2>
  <p style="background-color:#ff0000">这是一个段落。</p>
  <p style="background-color:#00ff00">这是一个段落。</p>
  <p style="background-color:#0000ff">这是一个段落。</p>
  <p>这是一个段落。</p>
  <button>为 p 元素设置多个样式</button>
  </body>
  </html>
```

在浏览器中测试，单击按钮一次，执行结果如图 4-58 所示。

3. **元素 CSS 尺寸**

jQuery 提供了多个在 CSS 样式中控制元素尺寸的方法，其中包括 height( )和 width( )用来获取元素高度和宽度，innerHeight( )和 innerWidth( )用来获取元素内部高度和宽度，outerHeight( )和 outerWidth( )用来获取元素外部高度和宽度。inner、outer、height/width 之间的区别从图 4-59 中可以看出。

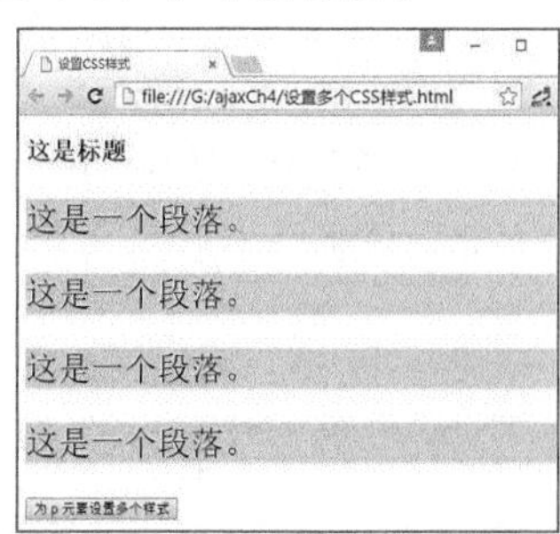

图 4-58　设置多个 CSS 样式执行结果

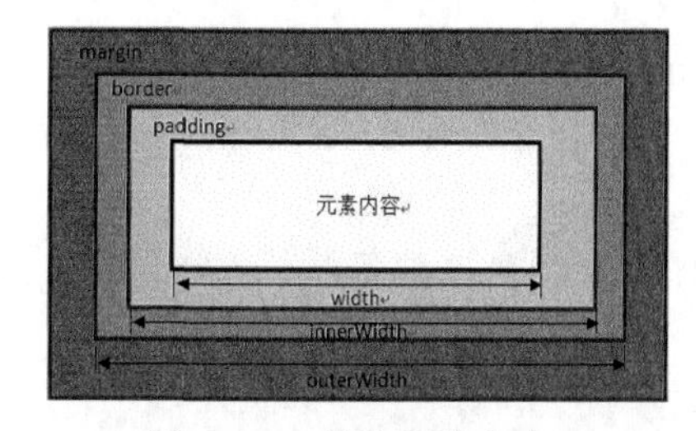

图 4-59　获取宽度方式

1）width( )和 height( )方法

width( )方法设置或返回元素的宽度（不包括内边距、边框或外边距）。height( )方法设置或返回元素的高度（不包括内边距、边框或外边距）。

示例代码如下，文件名为“获取元素高度宽度.html”。

```
<!DOCTYPE html>
<head>
<title>获取元素高度宽度</title>
<meta charset="utf-8"/>
<head>
<script type="text/JavaScript" src="jquery-1.10.2.js"></script>
<script>
```

```
$(document).ready(function( ){
  $("button").click(function( ){
    var txt="";
    txt+="Width of div: " + $("#div1").width( ) + "</br>";
    txt+="Height of div: " + $("#div1").height( );
    $("#div1").html(txt);
  });
});
</script>
</head>
<body>
<div id="div1" style="height:100px;width:300px;padding:10px;margin:3px;
border:1px solid blue;background-color:lightblue;"></div>
<br>
<button>显示 div 的尺寸</button>
<p>width( ) - 返回元素的宽度。</p>
<p>height( ) - 返回元素的高度。</p>
</body>
</html>
```

在浏览器中测试，单击按钮一次，执行结果如图 4-60 所示。

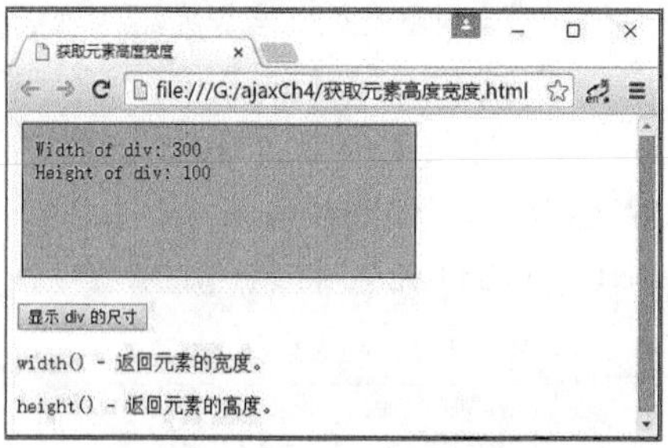

图 4-60　获取元素高度宽度执行结果

2）innerWidth( ) 和 innerHeight( )方法

innerWidth( )方法返回元素的宽度（包括内边距），innerHeight( )方法用于返回元素的高度（包括内边距）。

示例代码如下，文件名为“获取元素内边距.html”。

```
<!DOCTYPE html>
<head>
<title>获取元素内边距</title>
<meta charset="utf-8"/>
<head>
<script type="text/JavaScript" src="jquery-1.10.2.js"></script>
<script>
$(document).ready(function( ){
  $("button").click(function( ){
    var txt="";
    txt+="Width of div: " + $("#div1").width( ) + "</br>";
    txt+="Height of div: " + $("#div1").height( ) + "</br>";
    txt+="Inner width of div: " + $("#div1").innerWidth( ) + "</br>";
    txt+="Inner height of div: " + $("#div1").innerHeight( );
    $("#div1").html(txt);
```

```
      });
    });
    </script>
    </head>

    <body>
    <div id="div1" style="height:100px;width:300px;padding:10px;margin:3px;
border:1px solid blue;background-color:lightblue;"></div>
    <br>

    <button>显示 div 的尺寸</button>
    <p>innerWidth( ) - 返回元素的宽度（包括内边距）。</p>
    <p>innerHeight( ) - 返回元素的高度（包括内边距）。</p>

    </body>
    </html>
```

在浏览器中测试，单击按钮一次，执行结果如图 4-61 所示。

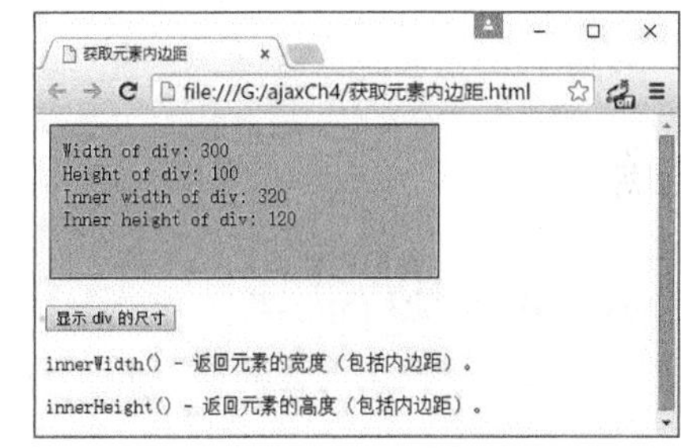

图 4-61　获取元素内边距执行结果

3）outerWidth( )和 outerHeight( )方法

outerWidth( )方法用于返回元素的宽度（包括内边距和边框）。outerHeight( )方法用于返回元素的高度（包括内边距和边框）。

示例代码如下，文件名为“获取元素外边距.html”。

```
    <!DOCTYPE html>
    <head>
    <title>获取元素外边距</title>
    <meta charset="utf-8"/>
    <head>
    <script type="text/JavaScript" src="jquery-1.10.2.js"></script>
    <script>
    $(document).ready(function( ){
      $("button").click(function( ){
        var txt="";
        txt+="Width of div: " + $("#div1").width( ) + "</br>";
        txt+="Height of div: " + $("#div1").height( ) + "</br>";
        txt+="Outer width of div: " + $("#div1").outerWidth( ) + "</br>";
        txt+="Outer height of div: " + $("#div1").outerHeight( );
        $("#div1").html(txt);
      });
    });
```

```
    </script>
    </head>
    <body>
    <div id="div1" style="height:100px;width:300px;padding:10px;margin:3px;
border:1px solid blue;background-color:lightblue;"></div>
    <br>
    <button>显示 div 的尺寸</button>
    <p>outerWidth( ) - 返回元素的宽度（包括内边
距和边框）。</p>
    <p>outerHeight( ) - 返回元素的高度（包括内
边距和边框）。</p>
    </body>
    </html>
```

在浏览器中测试，单击按钮一次，执行结果如图 4-62 所示。

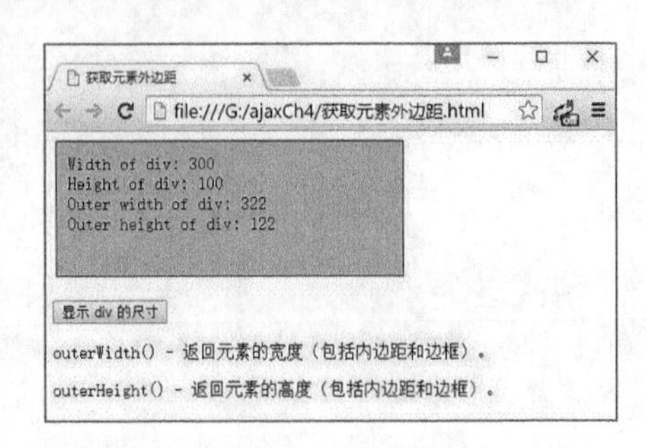

图 4-62　获取元素外边距执行结果

4.5　jQuery 中的事件处理

4.5.1　事件处理模型

采用 jQuery 事件模型，可以更为灵活地为页面元素绑定事件，使用统一的操作方法建立更为规范的代码。

在 DOM0 级模型中，事件都是固定地写在元素标签之中的，这种方式是最古老的方式，事件的绑定欠缺灵活。

在 DOM2 级模型中，虽然各大浏览器厂商都提供了事件监听方法，但是各个厂商之间欠缺统一的规范，使得开发人员不得不对不同的浏览器使用不同的规范。例如，老版本的 IE 提供的是 attachEvent( )方法而不是 addEventListener( )方法。

在 jQuery 中提供了统一和兼容的方法，能让用户开发出兼容性更强、更为规范的代码。

在 jQuery 中提供了 bind()方法。语法格式如下：

```
bind(eventType,data,listener)
```

eventType：（字符串）为将要建立的处理程序指定事件类型的名称。这个事件类型可以添加命名空间后缀，后缀和事件名称之间以圆点分隔。

Data：（对象）调用者提供的数据，作为属性 data 附加到 Event 实例，可供事件处理函数使用。如果省略，则事件处理函数被指定为第二个参数。

Listener：（函数）将被建立为事件处理程序的函数。

4.5.2　jQuery 中的事件

1. DOM 载入事件

当 DOM（文档对象模型）已经加载，并且页面（包括图像）已经完全呈现时，会发生 ready( )事件。

由于该事件在文档就绪后发生，因此把所有其他的 jQuery 事件和函数置于该事件中是非常好的做法。

ready( )函数规定当 ready 事件发生时执行的代码，ready( )函数仅能用于当前文档，因此无需选择器。允许使用以下三种语法。

- $(document).ready(function)
- $( ).ready(function)
- $(function)

示例代码如下，文件名为“DOM 载入事件.html”。

```
<!DOCTYPE html>
<head>
<title>DOM 载入事件</title>
<meta charset="utf-8"/>
<head>
<script type="text/JavaScript" src="jquery-1.10.2.js"></script>
<script>
$(document).ready(function( ){
  $(".btn1").click(function( ){
  $("p").slideToggle( );
  });
});
</script>
</head>
<body>
<p>This is a paragraph.</p>
<button class="btn1">Toggle</button>
</body>
</html>
```

在浏览器中测试，执行结果如图 4-63 所示。

2. **键盘事件**

键盘事件包括三种，依照事件发生的顺序是 jQuery 处理键盘事件有三个函数，分别是 keydown( )、keyup( )、keypress( )。

1）keydown 事件

keydown 事件会在键盘按下时触发,它能识别除 prtscsysrq 外的所有健，不能区分大小写。语法格式如下：

```
$(selector).keydown( )
```

示例代码如下，文件名为“keydown 事件.html”。

```
<!DOCTYPE html>
<head>
```

```
<title>keydown 事件</title>
<meta charset="utf-8"/>
<head>
<script type="text/JavaScript" src="jquery-1.10.2.js"></script>
<script type="text/JavaScript">
$(document).ready(function( ){
  $("input").keydown(function( ){
    $("input").css("background-color","#F00");
  });
});
</script>
</head>
<body>
Enter your name: <input type="text" />
<p>当发生 keydown 和 keyup 事件时，输入域会改变颜色。请试着在其中输入内容。</p>
</body>
</html>
```

在浏览器中测试，任意按下一个键，执行结果如图 4-64 所示。

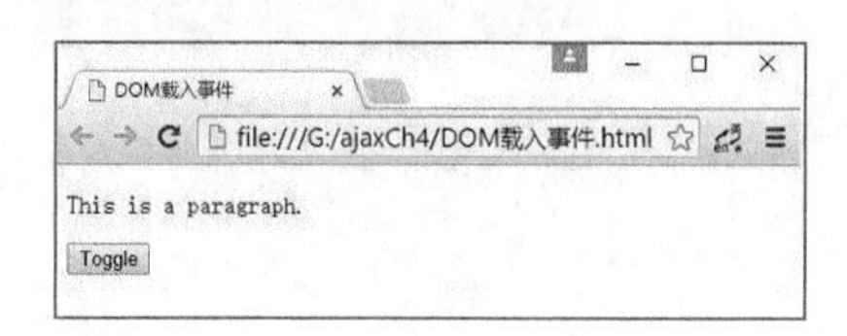

图 4-63　DOM 载入事件执行结果

图 4-64　keydown 事件执行结果

2）keypress 事件

keypress 事件与 keydown 事件类似。当按钮被按下时，会发生该事件。它发生在当前获得焦点的元素上。不过，与 keydown 事件不同，每插入一个字符，就会发生 keypress 事件。其区分大小写，且不能识别 insert、Home、pgup 等键。语法格式如下：

```
$(selector).keypress( )
```

示例代码如下，文件名为“keypress 事件.html”。

```
<!DOCTYPE html>
<head>
<title>keypress 事件</title>
<meta charset="utf-8"/>
<head>
<script type="text/JavaScript" src="jquery-1.10.2.js"></script>
<script>
  i=0;
  $(document).ready(function( ){
```

```
    $("input").keypress(function( ){
      $("span").text(i+=1);
    });
  });
</script>
</head>
<body>
Enter your name: <input type="text" />
<p>Keypresses:<span>0</span></p>
</body>
</html>
```

在浏览器中测试，任意按下一个键，执行结果如图 4-65 所示。

图 4-65 keypress 事件执行结果

3）keyup 事件

当按钮被松开时，发生 keyup 事件。它发生在当前获得焦点的元素上。语法格式如下：

```
$(selector).keyup( )
```

示例代码如下，文件名为“keyup 事件.html”。

```
<!DOCTYPE html>
<head>
<title>keyup 事件</title>
<meta charset="utf-8"/>
<head>
<script type="text/JavaScript" src="jquery-1.10.2.js"></script>
<script type="text/JavaScript">
$(document).ready(function( ){
  $("input").keydown(function( ){
    $("input").css("background-color","#FFFFCC");
  });
  $("input").keyup(function( ){
    $("input").css("background-color","#D6D6FF");
  });
});
</script>
</head>
<body>
Enter your name: <input type="text" />
<p>当发生 keydown 和 keyup 事件时，输入域会改变颜色。请试着在其中输入内容。</p>
</body>
```

```
</html>
```

在浏览器中测试，任意按下一个键，当松开该键时执行结果如图 4-66 所示。

3. **鼠标事件**

1）mousedown 事件

当鼠标指针移动到元素上方，并按下鼠标按键时，会发生 mousedown 事件。与 click 事件不同，mousedown 事件仅需要按键被按下，而不需要松开即可发生。语法格式如下：

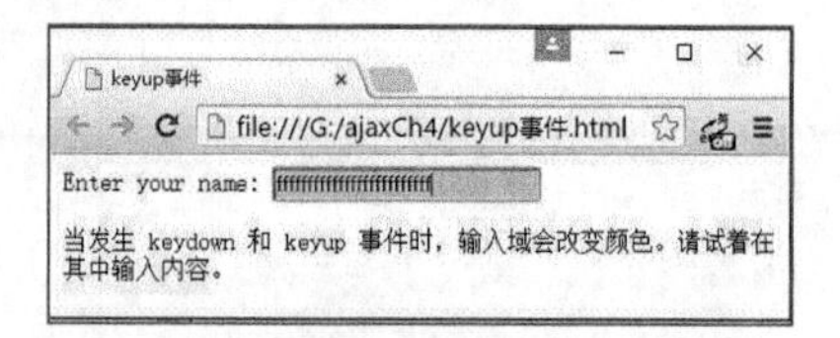

图 4-66　keyup 事件执行结果

```
$(selector).mousedown( )
```

示例代码如下，文件名为“mousedown 事件.html”。

```
<!DOCTYPE html>
<head>
<title>mousedown 事件</title>
<meta charset="utf-8"/>
<head>
<script type="text/JavaScript" src="jquery-1.10.2.js"></script>
<script type="text/JavaScript">
$(document).ready(function( ){
  $("button").mousedown(function( ){
    $("div").slideToggle( );
  });
});
</script>
</head>
<body>
<div>
<p>这是一个段落。</p>
<p>这是另一个段落。</p>
</div>
<button>切换</button>
</body>
</html>
```

在浏览器中测试，执行前如图 4-67 所示。

单击按钮，执行结果如图 4-68 所示。

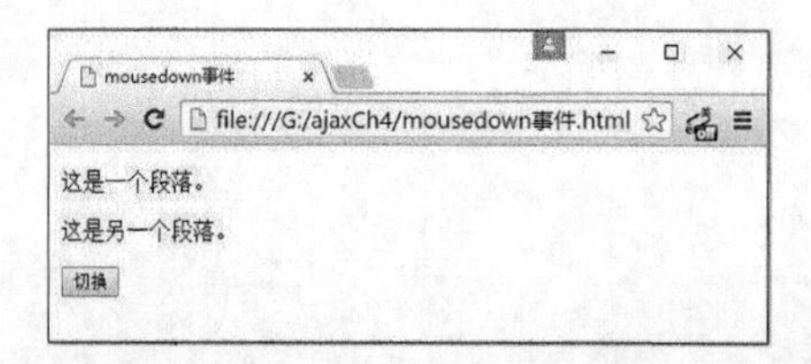

图 4-67　mousedown 事件执行前

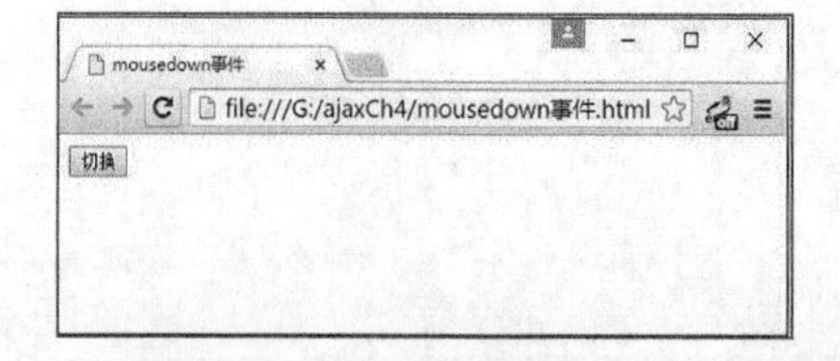

图 4-68　mousedown 事件执行后

2）mouseenter 事件

当鼠标指针穿过元素时，会发生 mouseenter 事件。该事件大多数时候会与 mouseleave 事件一起使用。语法格式如下：

```
$(selector).mouseenter( )
```

示例代码如下，文件名为“mouseenter 事件.html”。

```
<!DOCTYPE html>
<head>
<title>mouseenter 事件</title>
<meta charset="utf-8"/>
<head>
<script type="text/JavaScript" src="jquery-1.10.2.js"></script>
<script>
$(document).ready(function( ){
  $("p").mouseenter(function( ){
    $("p").css("background-color","yellow");
  });
  $("#btn1").click(function( ){
    $("p").mouseenter( );
  });
});
</script>
</head>
<body>
<p style="background-color:#E9E9E4">请把鼠标指针移动到段落上。</p>
<button id="btn1">触发段落的 mouseenter 事件</button><br />
</body>
</html>
```

在浏览器中测试，将鼠标指针划过段落，或者单击按钮，执行结果如图 4-69 所示。

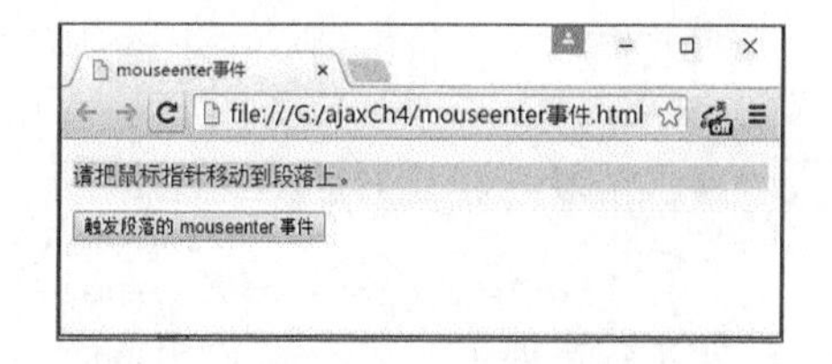

图 4-69 mouseenter 事件执行结果

3）mouseleave 事件

当鼠标指针离开元素时，会发生 mouseleave 事件。该事件大多数时候会与 mouseenter 事件一起使用。语法格式如下：

```
$(selector).mouseenter( )
```

示例代码如下，文件名为“mouseleave 事件.html”。

```
<!DOCTYPE html>
<head>
<title>mouseleave 事件</title>
<meta charset="utf-8"/>
```

```
<head>
<script type="text/JavaScript" src="jquery-1.10.2.js"></script>
<script type="text/JavaScript">
$(document).ready(function( ){
  $("p").mouseenter(function( ){
    $("p").css("background-color","yellow");
  });
  $("p").mouseleave(function( ){
    $("p").css("background-color","#E9E9E4");
  });
  $("#btn1").click(function( ){
    $("p").mouseenter( );
  });
  $("#btn2").click(function( ){
    $("p").mouseleave( );
  });
});
</script>
</head>
<body>
<p style="background-color:#E9E9E4">请把鼠标指针移动到段落上。</p>
<button id="btn1">触发段落的 mouseenter 事件</button><br />
<button id="btn2">触发段落的 mouseleave 事件</button>
</body>
</html>
```

在浏览器中测试，将鼠标指针离开段落，或者单击“触发段落的 mouseleave 事件”按钮时，执行结果如图 4-70 所示。

4）mousemove 事件

当鼠标指针在指定的元素中移动时，发生 mousemove 事件。注意：将鼠标指针移动一个像素，就会发生一次 mousemove 事件。处理所有 mousemove 事件会耗费系统资源，所以请谨慎使用该事件。语法格式如下：

```
$(selector).mousemove( )
```

示例代码如下，文件名为“mousemove 事件.html”。

```
<!DOCTYPE html>
<head>
<title>mousemove 事件</title>
<meta charset="utf-8"/>
<head>
<script type="text/JavaScript" src="jquery-1.10.2.js"></script>
```

```
<script type="text/JavaScript">
$(document).ready(function( ){
  $(document).mousemove(function(e){
    $("span").text(e.pageX + ", " + e.pageY);
  });
});
</script>
</head>
<body>
<p>鼠标位于坐标: <span></span>.</p>
</body>
</html>
```

在浏览器中测试，鼠标位于任意一处，执行结果如图 4-71 所示。

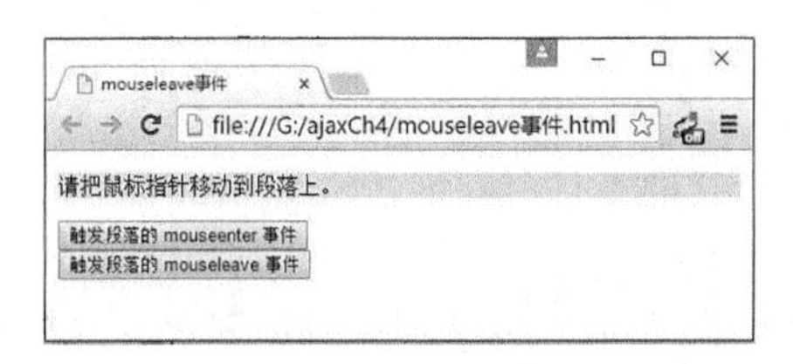

图 4-70　mouseleave 事件执行结果

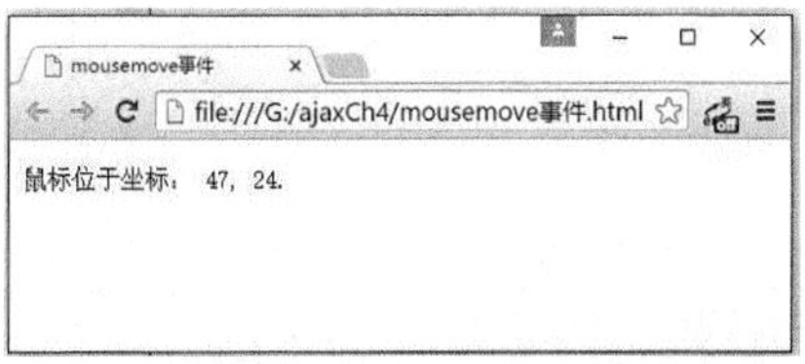

图 4-71　mousemove 事件执行结果

5）mouseout 事件

当鼠标指针从元素上移开时，发生 mouseout 事件。该事件大多数时候会与 mouseover 事件一起使用。与 mouseleave 事件不同，不论鼠标指针离开被选元素还是任何子元素，都会触发 mouseout 事件。而只有在鼠标指针离开被选元素时，才会触发 mouseleave 事件。语法格式如下：

```
$(selector).mouseout( )
```

示例代码如下，文件名为“mouseout 事件.html”。

```
<!DOCTYPE html>
<head>
<title>mouseout 事件</title>
<meta charset="utf-8"/>
<head>
<script type="text/JavaScript" src="jquery-1.10.2.js"></script>
<script type="text/JavaScript">
x=0;
y=0;
$(document).ready(function( ){
  $("div.out").mouseout(function( ){
    $(".out span").text(x+=1);
  });
```

```
    $("div.leave").mouseleave(function( ){
      $(".leave span").text(y+=1);
    });
  });
  </script>
  </head>
  <body>
  <p>不论鼠标指针离开被选元素还是任何子元素，都会触发 mouseout 事件。</p>
  <p>只有在鼠标指针离开被选元素时，才会触发 mouseleave 事件。</p>
  <div class="out" style="background-color:lightgray;padding:20px;width:
40%;float:left">
  <h2 style="background-color:white;">被触发的 Mouseout 事件: <span></span>
</h2>
  </div>
  <div class="leave" style="background-color:lightgray;padding:20px;width:
40%;
  float:right">
  <h2 style="background-color:white;">被触发的 Mouseleave 事件: <span>
</span></h2>
  </div>
  </body>
  </html>
```

在浏览器中测试，执行结果如图 4-72 所示。

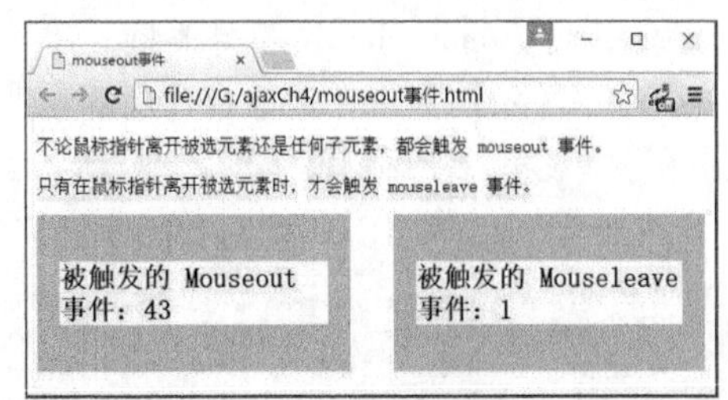

图 4-72　mouseout 事件执行结果

6）mouseover 事件

当鼠标指针位于元素上方时，会发生 mouseover 事件。该事件大多数时候会与 mouseout 事件一起使用。与 mouseenter 事件不同，不论鼠标指针是穿过被选元素还是穿过其子元素，都会触发 mouseover 事件。语法格式如下：

```
$(selector).mouseover( )
```

示例代码如下，文件名为“mouseover 事件.html”。

```
<!DOCTYPE html>
<head>
<title>mouseover 事件</title>
<meta charset="utf-8"/>
<head>
<script type="text/JavaScript" src="jquery-1.10.2.js"></script>
<script>
$(document).ready(function( ){
```

```
  $("p").mouseover(function( ){
    $("p").css("background-color","yellow");
  });
  $("p").mouseout(function( ){
    $("p").css("background-color","#E9E9E4");
  });
  $("#btn1").click(function( ){
    $("p").mouseover( );
  });
  $("#btn2").click(function( ){
    $("p").mouseout( );
  });
});
</script>
</head>
<body>
<p style="background-color:#E9E9E4">请把鼠标指针移动到段落上。</p>
<button id="btn1">触发段落的 mouseover 事件</button><br />
<button id="btn2">触发段落的 mouseout 事件</button>
</body>
</html>
```

在浏览器中测试，执行结果如图 4-73 所示。

7）mouseup 事件

当在元素上放松鼠标按钮时，会发生 mouseup 事件。与 click 事件不同，mouseup 事件仅需要放松按钮。当鼠标指针位于元素上方时，放松鼠标按钮就会触发该事件。语法格式如下：

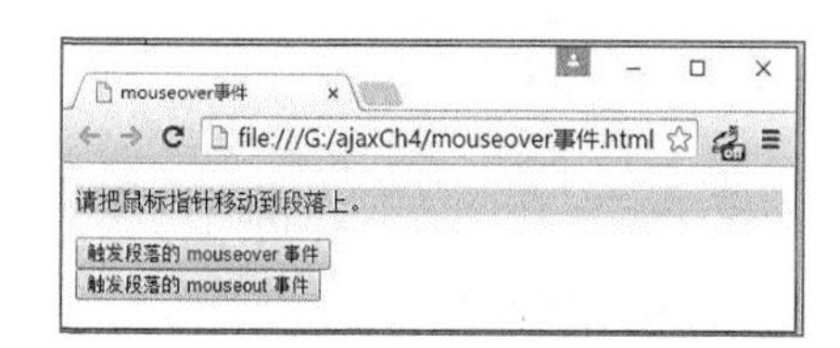

图 4-73 mouseover 事件执行结果

```
$(selector).mouseup( )
```

示例代码如下，文件名为“mouseup 事件.html”。

```
<!DOCTYPE html>
<head>
<title>mouseup 事件</title>
<meta charset="utf-8"/>
<head>
<script type="text/JavaScript" src="jquery-1.10.2.js"></script>
<script>
$(document).ready(function( ){
  $("button").mouseup(function( ){
    $("div").slideToggle( );
```

```
    });
    $("#mousePara").mouseover(function( ){
      $("button").mouseup( );
    });
  });
  </script>
  </head>
  <body>
  <div>
  <p>这是一个段落。</p>
  <p>这是另一个段落。</p>
  </div>
  <button>切换</button>
  <p id="mousePara">如果您把鼠标移动本段落上，会激活上面这个按钮的 mouseup 事件。
</p>
  </body>
  </html>
```

在浏览器中测试，执行前如图 4-74 所示。

执行后结果如图 4-75 所示。

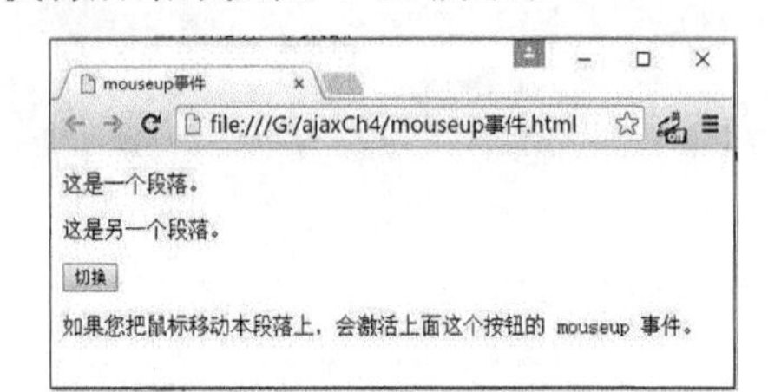

图 4-74　mouseup 事件执行前

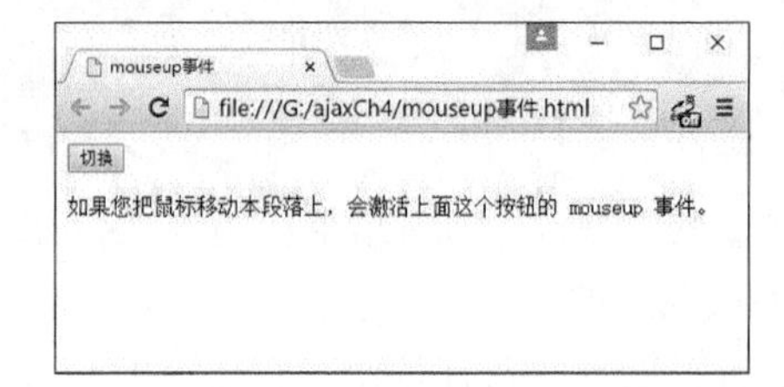

图 4-75　mouseup 事件执行后

8）click 事件

当单击元素时，会发生 click 事件。语法格式如下：

```
$(selector).click( )
```

示例代码如下，文件名为“click 事件.html”。

```
<!DOCTYPE html>
<head>
<title>click 事件</title>
<meta charset="utf-8"/>
<head>
<script type="text/JavaScript" src="jquery-1.10.2.js"></script>
<script>
$(document).ready(function( ){
  $("button").click(function( ){
    $("p").slideToggle( );
```

```
  });
});
</script>
</head>
<body>
<button>点击这里进行切换</button>
</body>
</html>
```

在浏览器中测试，执行前如图 4-76 所示。

执行后结果如图 4-77 所示。

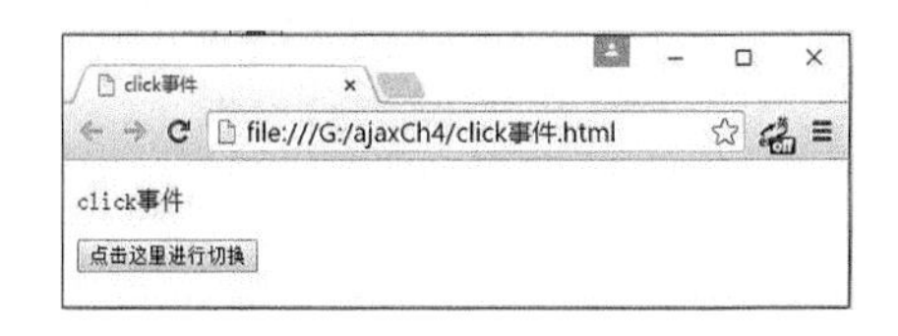

图 4-76 click 事件执行前

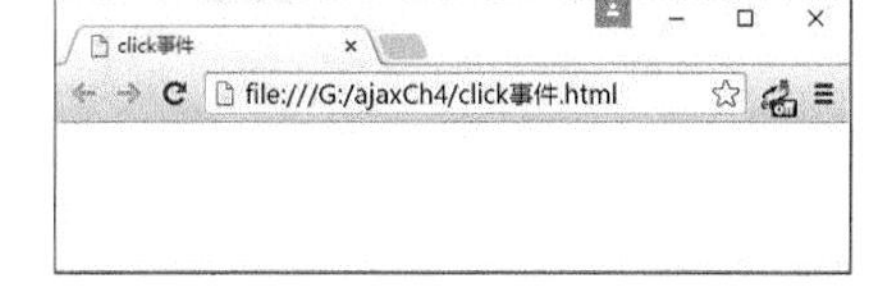

图 4-77 click 事件执行后

9）dblclick 事件

当双击元素时，会发生 dblclick 事件。当鼠标指针停留在元素上方，然后按下并松开鼠标左键时，就会发生一次 click。在很短的时间内发生两次 click，即是一次 double click 事件。语法格式如下：

```
$(selector).dblclick( )
```

示例代码如下，文件名为“dblclick 事件.html”。

```
<!DOCTYPE html>
<head>
<title>dblclick 事件</title>
<meta charset="utf-8"/>
<head>
<script type="text/JavaScript" src="jquery-1.10.2.js"></script>
<script>
$(document).ready(function( ){
  $("button").dblclick(function( ){
    $("p").slideToggle( );
  });
  $("p").click(function( ){
    $("button").dblclick( );
  });
});
</script>
</head>
```

```
<body>
<button>请双击这里</button>
<p>点击本段落会触发上面这个按钮的 dblclick 事件。</p>
</body>
</html>
```

在浏览器中测试，执行前如图 4-78 所示。

执行后结果如图 4-79 所示。

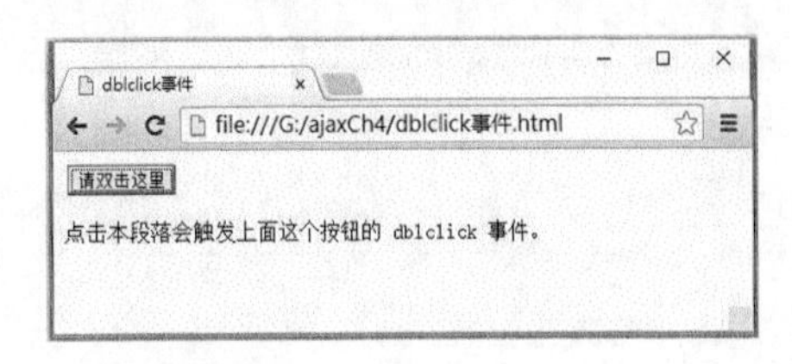

图 4-78　dblclick 事件执行前

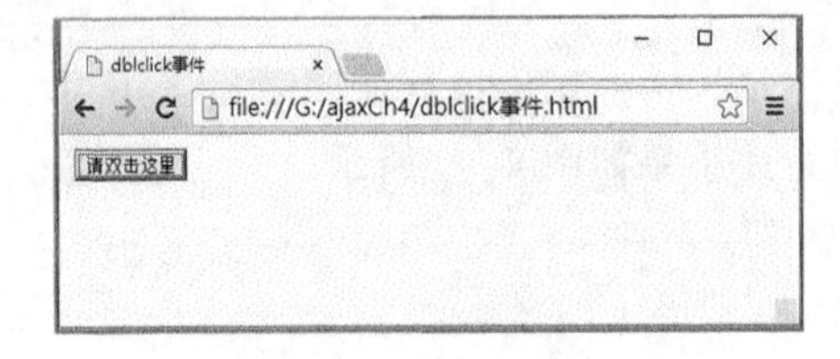

图 4-79　dblclick 事件执行后结果

4. **表单事件**

1）blur 事件

当元素失去焦点时发生 blur 事件。语法格式如下：

```
$(selector).blur( )
```

示例代码如下，文件名为“blur 事件.html”。

```
<!DOCTYPE html>
<head>
<title>blur 事件</title>
<meta charset="utf-8"/>
<head>
<script type="text/JavaScript" src="jquery-1.10.2.js"></script>
<script>
$(document).ready(function( ){
  $("input").blur(function( ){
    $("input").css("background-color","#D6D6FF");
  });

  $("#btn2").click(function( ){
    $("input").blur( );
  });
});
</script>
</head>
<body>
Enter your name: <input type="text" />
```

```
<p>在输入域外面点击，使其失去焦点。</p>
<p><button id="btn2">触发输入域的 blur 事件</button></p>
</body>
</html>
```

在浏览器中测试，执行结果如图 4-80 所示。

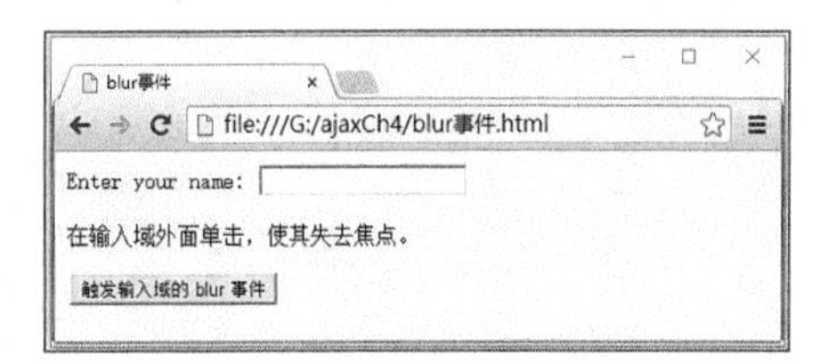

图 4-80　blur 事件执行结果

2）focus 事件

当元素获得焦点时，发生 focus 事件。当通过鼠标单击选中元素或通过 Tab 键定位到元素时，该元素就会获得焦点。语法格式如下：

```
$(selector).focus( )
```

示例代码如下，文件名为“focus 事件.html”。

```
<!DOCTYPE html>
<head>
<title>focus 事件</title>
<meta charset="utf-8"/>
<head>
<script type="text/JavaScript" src="jquery-1.10.2.js"></script>
<script>
$(document).ready(function( ){
  $("input").focus(function( ){
    $("input").css("background-color","#FFFFCC");
  });
});
</script>
</head>
<body>
Enter your name: <input type="text" />
<p>请在上面的输入域中点击，使其获得焦点</p>
</body>
</html>
```

在浏览器中测试，执行结果如图 4-81 所示。

3）change 事件

当元素的值发生改变时，会发生 change 事件。该事件仅适用于文本域“(text field)”，以及 extarea 和 select 元素。当用于 select 元素时，change 事件会在选择某个选项时发生。当用于 text field 或 text area 时，该事件会在元素失去焦点时发生。语法格式如下：

```
$(selector).change( )
```

示例代码如下，文件名为“change 事件.html”。

```
<!DOCTYPE html>
<head>
```

```
<title>change 事件</title>
<meta charset="utf-8"/>
<head>
<script type="text/JavaScript" src="jquery-1.10.2.js"></script>
<script>
$(document).ready(function( ){
  $(".field").change(function( ){
    $(this).css("background-color"," #F00");
  });
  $("button").click(function( ){
    $("input").change( );
  });
});
</script>
</head>
<body>
<button>激活文本域的 change 事件</button>
<p>Enter your name: <input class="field" type="text" /></p>
</body>
</html>
```

在浏览器中测试，执行结果如图 4-82 所示。

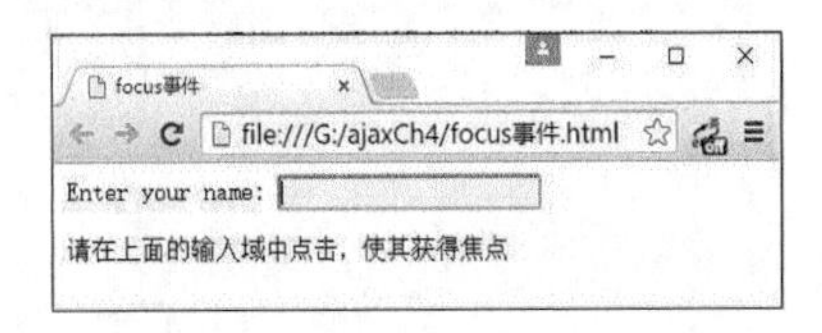

图 4-81　focus 事件执行结果

图 4-82　change 事件执行结果

4）select 事件

当 textarea 或文本类型的 input 元素中的文本被选择时，会发生 select 事件。语法格式如下：

```
$(selector).select( )
```

示例代码如下，文件名为“select 事件.html”。

```
<!DOCTYPE html>
<head>
<title>select 事件</title>
<meta charset="utf-8"/>
<head>
<script type="text/JavaScript" src="jquery-1.10.2.js"></script>
```

```
<script>
$(document).ready(function( ){
  $("input").select(function( ){
    $("input").after(" Text marked!");
  });
  $("button").click(function( ){
    $("input").select( );
  });
});
</script>
</head>
<body>
<input type="text" name="FirstName" value="Hello World" />
<p>请试着选取输入域中的文本，看看会发生什么。</p>
<button>触发输入域中的 select 事件</button>
</body>
</html>
```

在浏览器中测试，执行结果如图 4-83 所示。

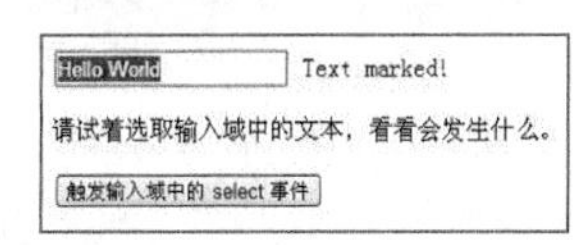

图 4-83 select 事件执行结果

5. 其他事件

1）error 事件

当元素遇到错误（没有正确载入）时，发生 error 事件。语法格式如下：

```
$(selector).error( )
```

示例代码如下，文件名为“error 事件.html”。

```
<!DOCTYPE html>
<head>
<title>error 事件</title>
<meta charset="utf-8"/>
<head>
<script type="text/JavaScript" src="jquery-1.10.2.js"></script>
<script>
$(document).ready(function( ){
  $("img").error(function( ){
    $("img").replaceWith("<p><b>图片未加载！</b></p>");
  });
```

在浏览器中测试，执行前如图 4-84 所示。

单击按钮，执行结果如图 4-85 所示。

图 4-84　error 事件执行前

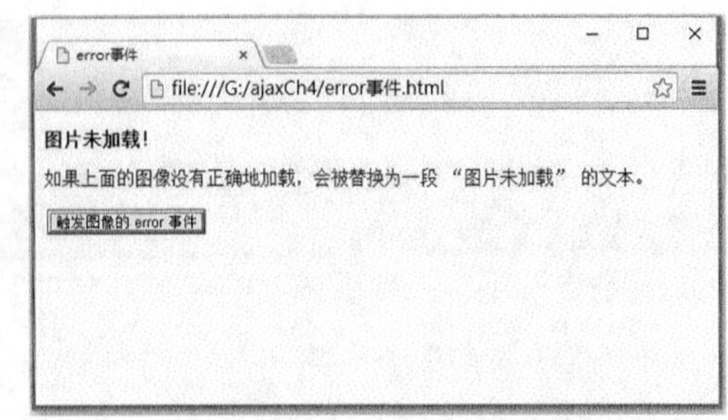

图 4-85　error 事件执行后

2）resize 事件

当调整浏览器窗口的大小时，发生 resize 事件。语法格式如下：

```
$(selector).resize(function)
```

示例代码如下，文件名为"resize 事件.html"。

```
<!DOCTYPE html>
<head>
<title>resize 事件</title>
<meta charset="utf-8"/>
<head>
<script type="text/JavaScript" src="jquery-1.10.2.js"></script>
<script>
x=0;
$(document).ready(function( ){
$(window).resize(function( ) {
  $("span").text(x+=1);
  });
});
</script>
</head>
<body>
<p>窗口大小被调整过 <span>0</span> 次。</p>
<p>请试着重新调整浏览器窗口的大小。</p>
</body>
</html>
```

在浏览器中测试，执行结果如图 4-86 所示。

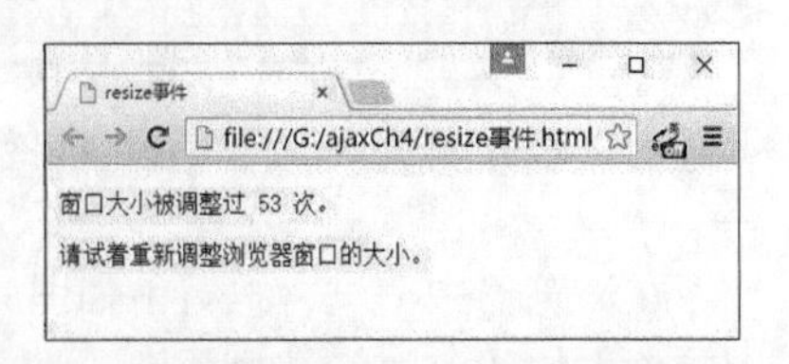

图 4-86　resize 事件执行结果

3）scroll 事件

当用户滚动指定的元素时，会发生 scroll 事件。scroll 事件适用于所有可滚动的元素和 window 对象（浏览器窗口）。语法格式如下：

```
$(selector).scroll(function)
```

示例代码如下，文件名为“scroll 事件.html”。

```
<!DOCTYPE html>
<head>
<title>scroll 事件</title>
<meta charset="utf-8"/>
<head>
<script type="text/JavaScript" src="jquery-1.10.2.js"></script>
<script type="text/JavaScript">
x=0;
$(document).ready(function( ){
  $("div").scroll(function( ) {
    $("span").text(x+=1);
  });
});
</script>
</head>
<body>
<p>请试着滚动 DIV 中的文本: </p>
<div style="width:200px;height:100px;overflow:scroll;">text. text. text.
text. text. text. text. text. text. text. text. text. text. text. text. text.
text. text. text. text. text. text.
<br /><br />
text. text. text. text. text. text. text. text. text. text. text. text.
text. text. text. text. text. text. text. text. text. text. text. text. text.
text. text. text. text. text. text. text. text.</div>
<p>滚动了 <span>0</span> 次。</p>
</body>
</html>
```

在浏览器中测试，执行结果如图 4-87 所示。

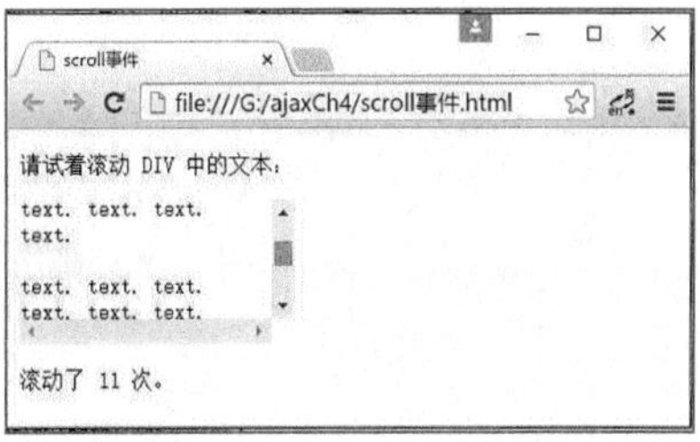

图 4-87 scroll 事件执行结果

4）load 事件

当指定的元素（及子元素）已加载时，会发生 load 事件。该事件适用于任何带有 URL 的元素（如图像、脚本、框架、内联框架）。语法格式如下：

```
$(selector).load(function)
```

示例代码如下，文件名为“load 事件.html”。

```
<!DOCTYPE html>
<head>
<title>load 事件</title>
<meta charset="utf-8"/>
```

```
<head>
<script type="text/JavaScript" src="jquery-1.10.2.js"></script>
<script>
$(document).ready(function( ){
  $("img").load(function( ){
    $("div").text("图像已加载");
  });
});
</script>
</head>
<body>
<img src="images/kitten.jpg" width="216" height="160" />
<div>图像正在加载中 ...</div>
</body>
</html>
```

在浏览器中测试，执行结果如图 4-88 所示。

图 4-88　load 事件执行结果

4.5.3　事件处理

1. bind 绑定事件

语法格式如下：

```
bind(type,[data],fn)
```

type 参数可以是任意一个方法，参数 data 是属性值传递给事件对象的额外数据，fn 是处理函数。可以绑定多个事件，也可以为同一事件绑定多个函数。

示例代码如下，文件名为“bind 绑定事件.html”。

```
<!DOCTYPE html>
<head>
<title>bind 绑定事件</title>
<meta charset="utf-8"/>
<head>
<script type="text/JavaScript" src="jquery-1.10.2.js"></script>
<script>
$(document).ready(function( ){
$("#test").bind("change",function( )
{ alert("你好! "); })
  $("#test").bind("click mouseout",function( )
{ alert("你好! "); })
});
</script>
```

```
</head>
<body>
<h2>This is a heading</h2>
<p>This is a paragraph.</p>
<p id="test">This is another paragraph.</p>
</body>
</html>
```

在浏览器中测试，执行结果如图 4-89 所示。

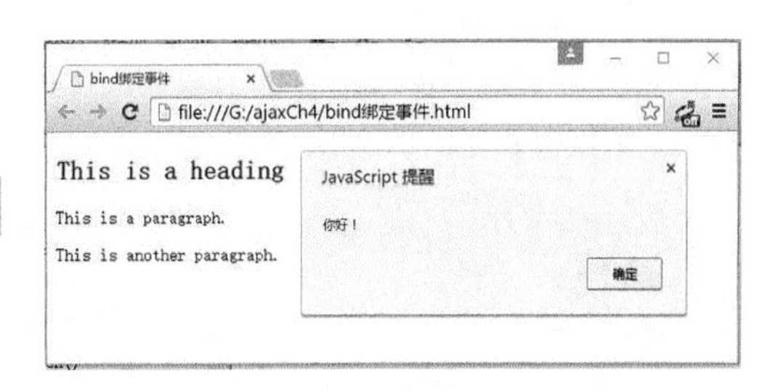

图 4-89　bind 绑定事件执行结果

2. hover 切换事件

语法格式如下：

```
hover(fn1,fn2);
```

鼠标移入执行第一个函数，鼠标移出执行第二个函数。相当于 mouseenter 与 mouseleave。

示例代码如下，文件名为“hover 切换事件.html”。

```
<!DOCTYPE html>
<head>
<title>hover 切换事件</title>
<meta charset="utf-8"/>
<head>
<script type="text/JavaScript" src="jquery-1.10.2.js"></script>
<script>
$(document).ready(function( ){
$("#test").hover(function( )
{alert("鼠标移入我啦");},
function( ){alert("鼠标移出我啦!");})
});
</script>
</head>
<body>
<h2>This is a heading</h2>
<p>This is a paragraph.</p>
<p id="test">This is another paragraph.</p>
<button type="button">Click me</button>
</body>
</html>
```

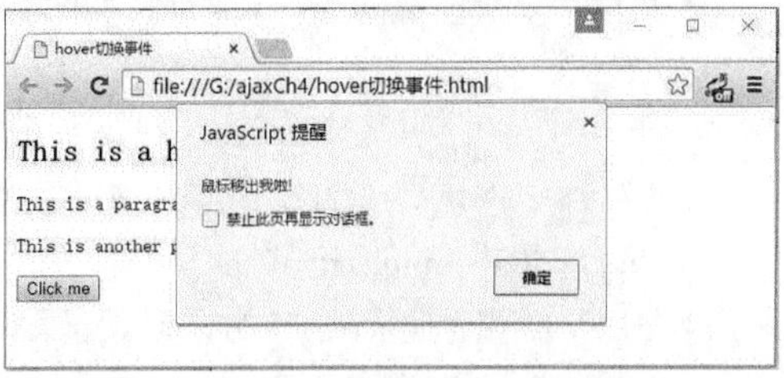

在浏览器中测试，执行结果如图 4-90 所示。

图 4-90　hover 切换事件执行结果

3. toggle 顺序执行事件

toggle( )方法用于绑定两个或多个事件处理器函数，以响应被选元素的轮流的 click 事件。该方法也可用于切换被选元素的 hide( )与 show( )方法。

1）向 toggle 事件绑定两个或更多函数

当指定元素被单击时，在两个或多个函数之间轮流切换。如果规定了两个以上的函数，则 toggle( )方法将切换所有函数。例如，如果存在 3 个函数，则第 1 次单击调用第 1 个函数，第 2 次单击调用第 2 个函数，第 3 次单击调用第 3 个函数。第 4 次单击再次调用第 1 个函数，以此类推。语法格式如下：

```
$(selector).toggle(function1( ),function2( ),functionN( ),...)
```

示例代码如下，文件名为“toggle 顺序切换事件.html”。

```
<!DOCTYPE html>
<head>
<title>toggle 顺序切换事件</title>
<meta charset="utf-8"/>
<head>
<script type="text/JavaScript" src="jquery-1.10.2.js"></script>
<script type="text/JavaScript">
$(document).ready(function( ){
  $("button").toggle(
    function( ){
    $("body").css("background-color","green");},
    function( ){
    $("body").css("background-color","red");},
    function( ){
    $("body").css("background-color","yellow");}
  );
});
</script>
</head>
<body>
<button>请点击这里，来切换不同的背景颜色</button>
</body>
</html>
```

在浏览器中测试，执行结果如图 4-91 所示。

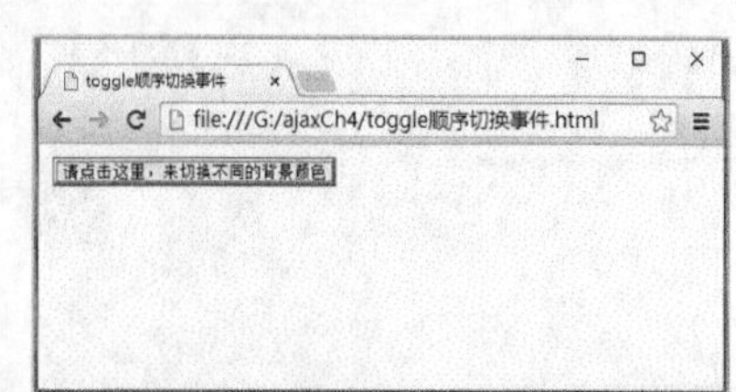

图 4-91　toggle 顺序切换事件执行结果

2）toggle 切换 hide( )和 show( )

检查每个元素是否可见，如果元素已隐藏，则运行 show( )。如果元素可见，则 hide( )。这样就可以创造切换效果。语法格式如下：

```
$(selector).toggle(speed,callback)
```

Speed：可选，规定 hide/show 效果的速度。可能的值：毫秒（如 1500）、slow、normal、fast。

callback：可选，当 toggle( )方法完成时执行的函数。

示例代码如下，文件名为“toggle 切换 hide 和 show.html”。

```
<!DOCTYPE html>
<head>
<title>toggle 切换 hide 和 show</title>
<meta charset="utf-8"/>
<head>
<script type="text/JavaScript" src="jquery-1.10.2.js"></script>
<script type="text/JavaScript">
$(document).ready(function( ){
   $(".btn1").click(function( ){
     $("p").toggle(1000);
   });
});
</script>
</head>
<body>
<p>This is a paragraph.</p>
<button class="btn1">Toggle</button>
</body>
</html>
```

在浏览器中测试，执行结果如图 4-92 所示。

3）toggle 显示或隐藏元素

规定是否只显示或只隐藏所有匹配的元素。语法格式如下：

```
$(selector).toggle(switch)
```

Switch：必需，布尔值，规定 toggle( ) 是否应只显示或只隐藏所有被选元素。

true 表示显示元素，false 表示隐藏元素。

示例代码如下，文件名为“toggle 显示或隐藏元素.html”。

```
<!DOCTYPE html>
<head>
<title>toggle 显示或隐藏元素</title>
<meta charset="utf-8"/>
<head>
<script type="text/JavaScript" src="jquery-1.10.2.js"></script>
<script>
$(document).ready(function( ){
   $(".btn1").click(function( ){
```

```
        $("p").toggle(true);
    });
});
</script>
</head>
<body>
<p>This is a paragraph.</p>
<p style="display:none">This is another paragraph.</p>
<p>把 switch 参数设置为 false，可以隐藏所有段落。</p>
<button class="btn1">显示所有 p 元素</button>
</body>
</html>
```

在浏览器中测试，执行结果如图 4-93 所示。

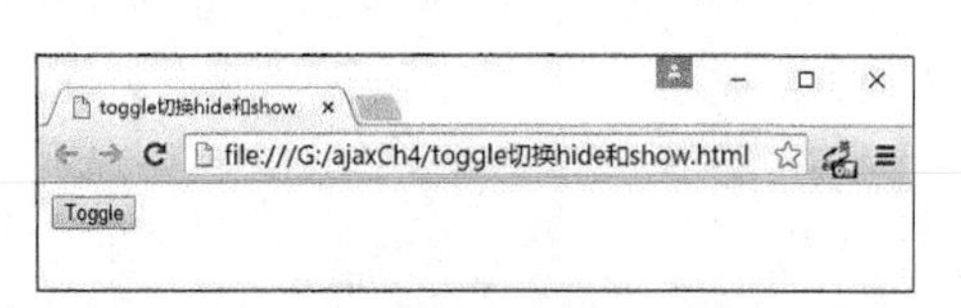

图 4-92　toggle 切换 hide 和 show 执行结果

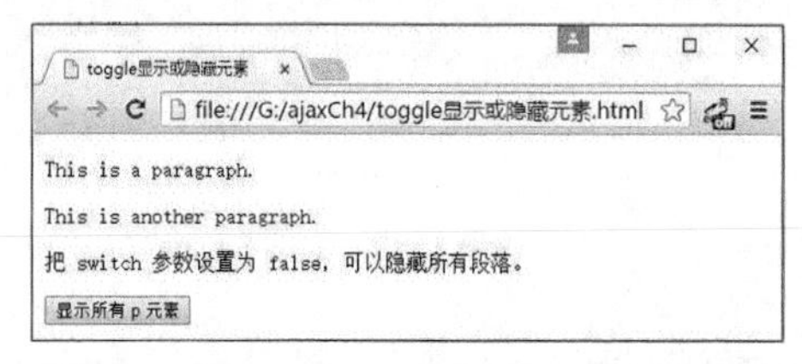

图 4-93　toggle 显示或隐藏元素执行结果

4. unbind 移除事件

unbind( )方法用于移除被选元素的事件处理程序。

该方法能够移除所有的或被选的事件处理程序，或者当事件发生时终止指定函数的运行。unbind( )适用于任何通过 jQuery 附加的事件处理程序。

1）取消绑定元素的事件处理程序和函数

规定从指定元素上删除的一个或多个事件处理程序，如果没有规定参数，unbind( )方法可用来删除指定元素的所有事件处理程序。语法格式如下：

```
$(selector).unbind(event,function)
```

event：可选，规定删除元素的一个或多个事件由空格分隔多个事件值。如果只规定了该参数，则会删除绑定到指定事件的所有函数。function 可选，规定从元素的指定事件取消绑定的函数名。

示例代码如下，文件名为“unbind 移除事件.html”。

```
<!DOCTYPE html>
<head>
<title>unbind 移除事件</title>
<meta charset="utf-8"/>
<head>
<script type="text/JavaScript" src="jquery-1.10.2.js"></script>
<script>
$(document).ready(function( ){
```

```
    $("p").click(function( ){
        $(this).slideToggle( );
    });
    $("button").click(function( ){
        $("p").unbind( );
    });
});
</script>
</head>
<body>
<p>这是一个段落。</p>
<p>这是另一个段落。</p>
<p>单击任何段落可以令其消失。包括本段落。</p>
<button>删除 p 元素的事件处理器</button>
</body>
</html>
```

在浏览器中测试，执行结果如图 4-94 所示。

2）使用 event 对象来取消绑定事件处理程序

规定要删除的事件对象。用于对自身内部的事件取消绑定（如当事件已被触发一定次数之后，删除事件处理程序）。如果未规定参数，则 unbind( )方法可用来删除指定元素的所有事件处理程序。语法格式如下：

```
$(selector).unbind(eventObj)
```

图 4-94　unbind 移除事件执行结果

eventObj：可选，规定要使用的事件对象。这个 eventObj 参数来自事件绑定函数。

示例代码如下，文件名为“unbind 使用 event 对象移除事件.html”。

```
<!DOCTYPE html>
<head>
<title>unbind 使用 event 对象移除事件</title>
<meta charset="utf-8"/>
<head>
<script type="text/JavaScript" src="jquery-1.10.2.js"></script>
<script>
$(document).ready(function( ){
    var x=0;
    $("p").click(function(e){
        $("p").animate({fontSize:"+=5px"});
        x++;
```

```
        if(x>=2)
        {
            $(this).unbind(e);
        }
    });
});
</script>
</head>
<body>
<p style="font-size:20px;">单击这个段落可以增加其大小。只能增加两次。</p>
</body>
</html>
```

在浏览器中测试，执行结果如图 4-95 所示。

5. one( )仅执行一次的事件

one( )方法为被选元素附加一个或多个事件处理程序，并规定当事件发生时运行的函数。当使用 one( )方法时，每个元素只能运行一次事件处理器函数。语法格式如下：

```
$(selector).one(event,data,function)
```

示例代码如下，文件名为“one 事件.html”。

```
<!DOCTYPE html>
<head>
<title>one 事件</title>
<meta charset="utf-8"/>
<head>
<script type="text/JavaScript" src="jquery-1.10.2.js"></script>
<script>
$(document).ready(function( ){
    $("p").one("click",function( ){
      $(this).animate({fontSize:"+=6px"});
    });
});
</script>
</head>
<body>
<p>这是一个段落。</p>
<p>这是另一个段落。</p>
<p>请单击 p 元素增加其内容的文本大小。每个 p 元素只会触发一次改事件。</p>
</body>
</html>
```

在浏览器中测试，执行结果如图 4-96 所示。

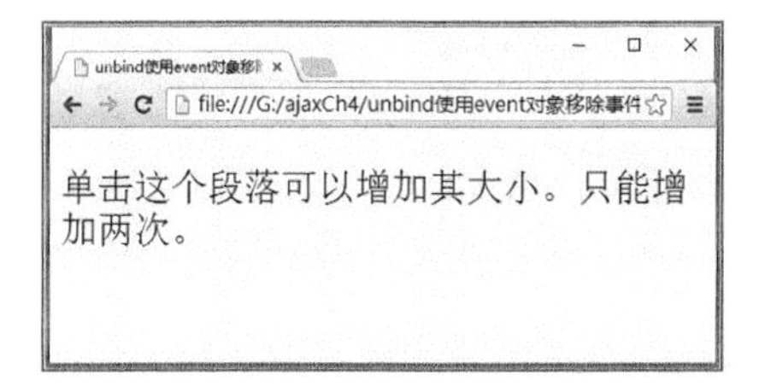

图 4-95　unbind 使用 event 对象移除事件执行结果

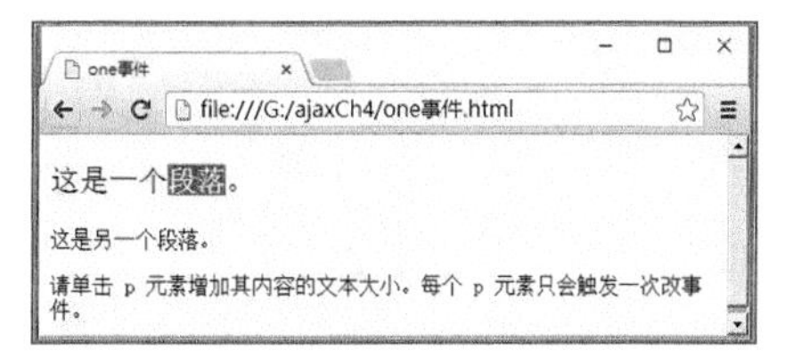

图 4-96　one 事件执行结果

6. trigger 加载完毕后自动执行的事件

trigger( )方法用于触发被选元素的指定事件类型。

1）触发事件

trigger( )方法规定了被选元素要触发的事件。语法格式如下：

```
$(selector).trigger(event,[param1,param2,...])
```

event：必需。规定指定元素要触发的事件。也可以是自定义事件（使用 bind( ) 函数来附加），或者任何标准事件。

[param1,param2,...]：可选。传递到事件处理程序的额外参数。

示例代码如下，文件名为“trigger 触发事件.html”。

```
<html>
<head>
<script type="text/JavaScript" src="/jquery/jquery.js"></script>
<script type="text/JavaScript">
$(document).ready(function( ){
   $("input").select(function( ){
      $("input").after("文本被选中！");
   });
   $("button").click(function( ){
      $("input").trigger("select");
   });
});
</script>
</head>
<body>
<input type="text" name="FirstName" value="Hello World" />
<br />
<button>激活 input 域的 select 事件</button>
</body>
</html>
```

在浏览器中测试，执行结果如图 4-97 所示。

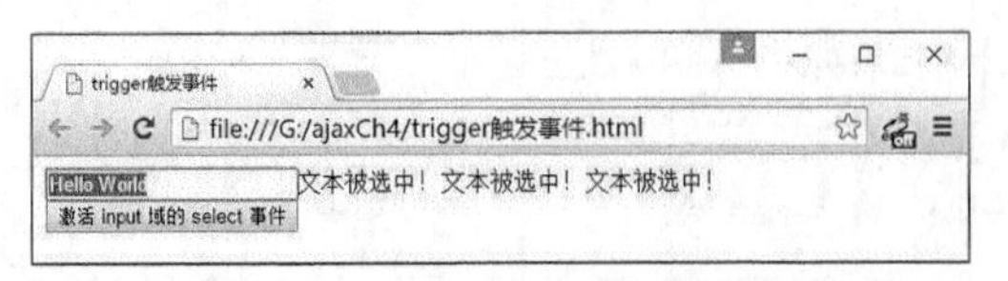

图 4-97　trigger 触发事件执行结果

2）使用 event 对象来触发事件

trigger( )方法规定了使用事件对象的被选元素要触发的事件。语法格式如下：

```
$(selector).trigger(eventObj)
```

eventObj：必需，规定事件发生时运行的函数。

示例代码如下，文件名为“trigger 使用 event 对象触发事件.html”。

```
<!DOCTYPE html>
<head>
<title>trigger 使用 event 对象触发事件</title>
<meta charset="utf-8"/>
<head>
<script type="text/JavaScript" src="jquery-1.10.2.js"></script>
<script type="text/JavaScript">
$(document).ready(function( ){
    $("input").select(function( ){
        $("input").after("文本被选中！");
    });
  var e = jQuery.Event("select");
  $("button").click(function( ){
    $("input").trigger(e);
  });
});
</script>
</head>
<body>
<input type="text" name="FirstName" value="Hello World" />
<br />
<button>激活 input 域的 select 事件</button>
</body>
</html>
```

在浏览器中测试，执行结果如图 4-98 所示。

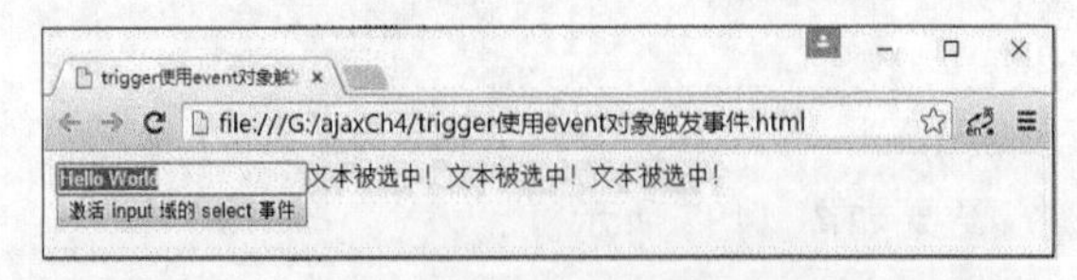

图 4-98　trigger 使用 event 对象触发事件执行结果

7. live( )事件

live( )方法为被选元素附加一个或多个事件处理程序，并规定当这些事件发生时运行的函数。通过 live( )方法附加的事件处理程序适用于匹配选择器的当前及未来的元素（如由脚本创建的新元素）。live( )一次只能绑定一个事件。语法格式如下：

```
$(selector).live(event,data,function)
```

示例代码如下，文件名为“live 事件.html”。

```
<!DOCTYPE html>
<head>
<title>live 事件</title>
<meta charset="utf-8"/>
<head>
<script type="text/JavaScript" src="jquery-1.10.2.js"></script>
<script>
$(document).ready(function( ){
  $("button").live("click",function( ){
    $("p").slideToggle( );
  });
});
</script>
</head>
<body>
<p>这是一个段落。</p>
<button>请单击这里</button>
</body>
</html>
```

在浏览器中测试，执行结果如图 4-99 所示。

8. die( )事件

die( )方法用于移除所有通过 live( )方法向指定元素添加的一个或多个事件处理程序。语法格式如下：

```
$(selector).die(event,function)
```

示例代码如下，文件名为“die 事件.html”。

```
<!DOCTYPE html>
<head>
<title>die 事件</title>
<meta charset="utf-8"/>
<head>
<script type="text/JavaScript" src="jquery-1.10.2.js"></script>
<script type="text/JavaScript">
$(document).ready(function( ){
```

```
    $("p").live("click",function( ){
      $(this).slideToggle( );
    });
    $("button").click(function( ){
      $("p").die( );
    });
  });
  </script>
  </head>
  <body>
  <p>这是一个段落。</p>
  <p>这是另一个段落。</p>
  <p>请单击任意 p 元素，段落会消失。包括本段落。</p>
  <button>移除通过 live( ) 方法向 p 元素添加的事件处理程序</button>
  </body>
  </html>
```

在浏览器中测试，执行结果如图 4-100 所示。

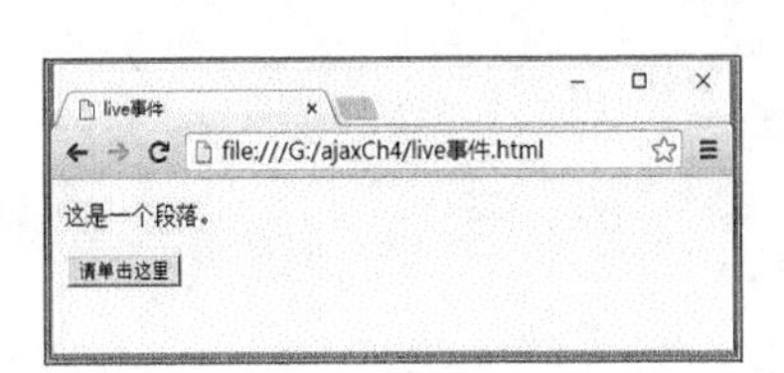

图 4-99　live 事件执行结果

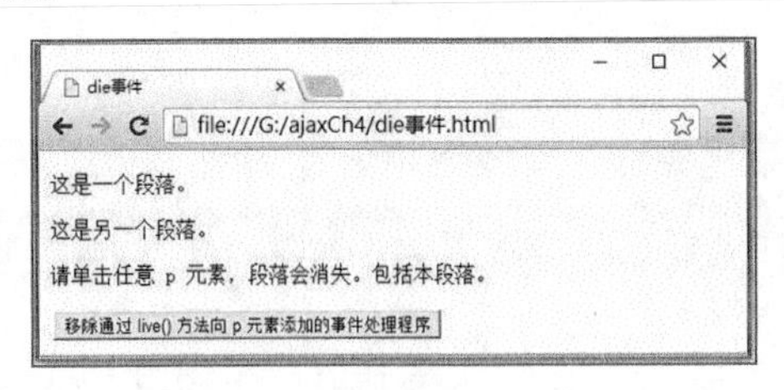

图 4-100　die 事件执行结果

小　　结

本章主要介绍了 jQuery 的优势和如何引入库文件；主要讲解了 jQuery 的选择器，包括基本选择器和过滤选择器两类；然后讲解了 jQuery 中的基本 DOM 操作，如查找、创建、删除、复制、替换结点和包裹操作，以及 jQuery 中的 HTML 操作，包括对元素内容、元素属性、元素样式、元素 CSS 的操作；最后着重讲解了 jQuery 的事件处理。

习　　题

1. 下列说法正确的是（　　）。
   A. 使用 jQuery 时无须引入任何文件
   B. 进行 jQuery 操作时，第一步是使用选择器定位元素
   C. 使用"$"符号封装的对象和 document.getElementById("XX")获取的对象是等价的
   D. 使用$('#d1')可以定位到所有 id 属性是 d1 的文档元素

2. 请看下列 HTML 代码。

```
<p class="s1">hello</p>
```

能使文本“hello”字体大小变成 40px 的 jQuery 代码是（　　）

A. $('div.s1').css('font-size','40px')　　B. $('p.s1').css('font-size','40px')

C. $('#s1').css('font-size','40px')　　D. $('p#s1').css('font-size','40px')

3. dom.html 页面有如下代码。

```
<div id="d1"><span>hello jQuery</span></div>
```

使用下列 jQuery 代码。

```
alert($('#d1').html( ));
alert($('#d1').text( ));
```

弹出框上显示的内容为（　　）。

A. [hello jQuery]:[<span>hello jQuery</span>]

B. [<span>hello jQuery</span>]:[<span>hello jQuery</span>]

C. [<span>hello jQuery</span>]:[hello jQuery]

D. [hello jQuery]:[hello jQuery]

4. 下列代码的功能是（　　）。

```
<html>
<head>
<title>event </title>
<script type="text/JavaScript" src="js/jquery-1.4.3.js"></script>
<script type="text/JavaScript">
$(function( ){
$('a').click(function( ){
alert('helloworld');
});
});
</script>
</head>
<body>
<a href="#">test1<a><br>
<a href="#">test2<a><br>
<a href="#">test3<a><br>
<a href="#">test4<a><br>
</body>
</html>
```

A. 给第二个超链接附加单击事件　　B. 给最后一个超链接附加单击事件

C. 给第一个超链接附加单击事件　　D. 给每一个超链接附加单击事件

5. 请看下列 HTML、CSS 和 jQuery 代码片段。

HTML 代码如下：

```
<div class="s1"></div>
```

CSS 代码如下：

```
<style>
 .s1{
   width:100px;
   height:100px;
   background-color:red;
 }
 .s2{
   background-color:yellow;
 }
</style>
```

jQuery 代码如下：

```
$(function( ){
  $('div').hover(function( ){
   $(this).addClass('s2');
  },function( ){
   $(this).removeClass('s2');
  });
 });
```

以上代码在浏览器上显示的效果是（　　）。

A. 连续单击 div 上以后，div 背景显示为红色

B. 连续单击 div 上以后，div 背景显示为黄色

C. 鼠标悬停在 div 上以后，div 背景显示为红色

D. 鼠标悬停在 div 上以后，div 背景显示为黄色

6. 编写程序，实现如图 4-101 所示的页面效果。选中其中一列的复选框时，该复选框所在行的背景色高亮显示（黄色）。取消选中复选框时，所在行的背景色恢复。

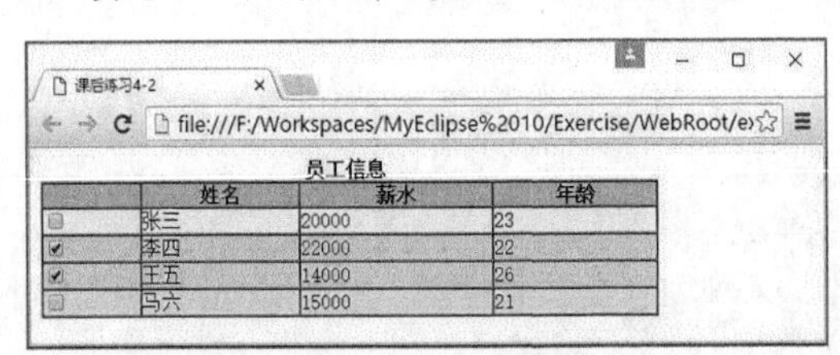

图 4-101　员工信息界面显示效果

7. 实现如图 4-102 所示的页面效果，当鼠标移动到元素上时，样式发生改变，鼠标移出后，样式还原；当鼠标移动到元素上时，背景色改变，鼠标移出元素后，背景色还原。

图 4-102　鼠标移动界面显示效果

jQuery 中 Ajax 的应用

学习目标

了解：Ajax 序列化方法。

理解：Ajax 全局事件。

掌握：Ajax 的$.ajax( )方法、$load( )方法、$.get( )方法、$.post( )方法、$.getJSON( )方法、$.getScript( )方法。

5.1 jQuery 中的 Ajax

jQuery 对 JavaScript 中的 Ajax 进行封装。jQuery 中的 Ajax 实现方法最大的一个优势就是消除了各个浏览器之间的差异，提高了程序的兼容性；其次简化了开发人员的操作，减少了程序代码量。

jQuery 对 JavaScript 中的 Ajax 进行了 3 层封装：第 1 层封装实现了$.ajax( )方法；第 2 层封装实现了$.load( )方法、$.get( )方法和$.post( )方法；第 3 层封装实现了$.getScript( )方法和$.getJSON( )方法。

5.1.1 $.ajax( )方法

$.ajax( )是 jQuery 对 Ajax 封装的基础，通过使用这个函数可以完成异步通信的所有功能。也就是说无论在什么情况下都可以通过此方法进行异步刷新的操作。语法格式如下：

```
$.ajax({name:value, name:value, ... })
```

该参数规定 Ajax 请求的一个或多个名称/值对。

- async 布尔值：表示请求是否异步处理。默认是 true。
- beforeSend(xhr)：发送请求前运行的函数。
- cache：布尔值，表示浏览器是否缓存被请求页面。默认是 true。
- complete(xhr,status)：请求完成时运行的函数（在请求成功或失败之后均调用，即在 success( )和 error( )函数之后）。
- contentType：发送数据到服务器时所使用的内容类型。默认是 application/x-www-form-urlencoded。
- context：为所有 Ajax 相关的回调函数规定 this 值。
- data：规定要发送到服务器的数据。
- dataFilter(data,type)：用于处理 XMLHttpRequest 原始响应数据的函数。

dataType 预期的服务器响应的数据类型：

- error(xhr,status,error)：如果请求失败要运行的函数。
- global（布尔值）：规定是否为请求触发全局 Ajax 事件处理程序。默认是 true。
- ifModified（布尔值）：规定是否仅在最后一次请求以来响应发生改变时才请求成功。默认是 false。
- jsonp：在一个 jsonp 中重写回调函数的字符串。
- jsonpCallback：在一个 jsonp 中规定回调函数的名称。
- password：规定在 HTTP 访问认证请求中使用的密码。
- processData（布尔值）：规定通过请求发送的数据是否转换为查询字符串。默认是 true。
- scriptCharset：规定请求的字符集。
- success(result,status,xhr)：当请求成功时运行的函数。
- timeout：设置本地的请求超时时间（以毫秒计）。
- traditional（布尔值）：规定是否使用参数序列化的传统样式。
- type：规定请求的类型（GET 或 POST）。
- url：规定发送请求的 URL。默认是当前页面。
- username：规定在 HTTP 访问认证请求中使用的用户名。
- xhr：用于创建 XMLHttpRequest 对象的函数。

示例代码如下，文件名为“ajax( ).html”。

```
<!DOCTYPE html>
<head>
<title>$.ajax( )方法</title>
<meta charset="utf-8" />
<script type="text/JavaScript" src="jquery-1.10.2.js"></script>
<script type="text/JavaScript">
  $(document).ready(function( ) {
     $("#b01").click(function( ) {
         $.ajax({
             url : "jquery/test1.txt",
             success : function(data)
             {
               $("#myDiv").html(data);
             }
         });

     });
  });
</script>
</head>
<body>
```

```
    <div id="myDiv">
        <h2>通过 AJAX 改变文本</h2>
    </div>
    <button id="b01" type="button">改变内容</button>
</body>
</html>
```

在浏览器中测试，执行结果如图 5-1 所示。

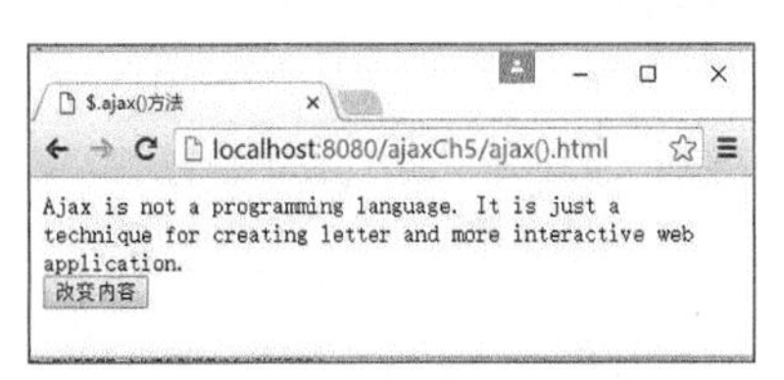

图 5-1 $.ajax( )方法执行结果

5.1.2 $.load( )方法

$.load( )方法通过 Ajax 请求从服务器加载数据，并把返回的数据放置到指定的元素中，还存在一个名为 load 的 jQuery 事件方法。调用哪个，取决于参数。语法格式如下：

```
$.load(url,data,function(response,status,xhr))
```

- url：规定要将请求发送到哪个 URL。
- data：可选。规定连同请求发送到服务器的数据。
- function(response,status,xhr)：可选。规定当请求完成时运行的函数。
- response：包含来自请求的结果数据。
- status：包含请求的状态（success、notmodified、error、timeout、parsererror）。
- xhr：包含 XMLHttpRequest 对象。

jQuery 下的 ajax()
方法运行效果

该方法是最简单的从服务器获取数据的方法。它几乎与$.get(url, data, success)等价，不同的是它不是全局函数，并且它拥有隐式的回调函数。当侦测到成功的响应时（比如当 textStatus 为 success 或 notmodified 时），$.load( )方法将匹配元素的 HTML 内容设置为返回的数据。这意味着该方法的大多数使用会非常简单。

```
$("#result").load("ajax/test.html");
```

如果提供回调函数，则会在执行 post-processing 之后执行该函数。

```
$("#result").load("ajax/test.html", function( ) {
    alert("Load was performed.");
});
```

上面的两个例子中，如果当前文档不包含 result ID，则不会执行$.load( )方法。

如果提供的数据是对象，则使用 POST 方法；否则使用 GET 方法。

$.load( )方法与$.get( )方法不同，允许规定要插入的远程文档的某个部分。这一点是通过 url 参数的特殊语法实现的。如果该字符串中包含一个或多个空格，紧接第一个空格的字符串则是决定所加载内容的 jQuery 选择器。

可以修改上面的例子，这样就可以使用所获得文档的某部分：

```
$("#result").load("ajax/test.html #container");
```

如果执行该方法，则会取回 ajax/test.html 的内容，但接着，jQuery 会解析被返回的文档，来查找带有容器 ID 的元素。该元素连同其内容会被插入带有结果 ID 的元素中，所取回文档的其余部分会被丢弃。

jQuery 使用浏览器的.innerHTML 属性来解析被取回的文档，并把它插入当前文档。在此过程中，浏览器常会从文档中过滤掉元素，如<html>、<title>或<head>元素。结果是，由$.load( )方法取回的元素可能与由浏览器直接取回的文档不完全相同。由于浏览器安全方面的限制，大多数 Ajax 请求遵守同源策略；请求无法从不同的域、子域或协议成功地取回数据。

示例代码如下，文件名为“$.load( ).html”。

```
<!DOCTYPE html>
<head>
<title>$.load( )方法</title>
<meta charset="utf-8" />
<script type="text/JavaScript" src="jquery-1.10.2.js"></script>
<script type="text/JavaScript">
$(document).ready(function( ){
  $("#btn1").click(function( ){
    $('#test').load('jquery/test1.txt');
  });
});
</script>
</head>
<body>
<h3 id="test">请单击下面的按钮，通过 jQuery AJAX 改变这段文本。</h3>
<button id="btn1" type="button">获得外部的内容</button>
</body>
</html>
```

在浏览器中测试，执行结果如图 5-2 所示。

5.1.3 $.get( )方法

$.get( )方法通过远程 HTTP GET 请求载入信息。

这是一个简单的 GET 请求功能，以取代复杂$.ajax。请求成功时可调用回调函数。如果需要在出错时执行函数，请使用$.ajax。

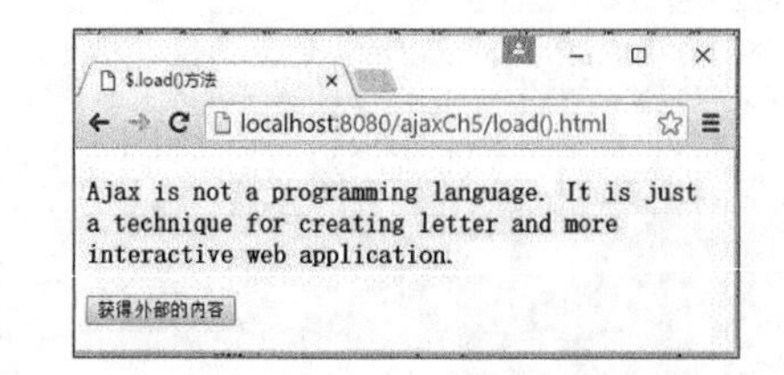

图 5-2 $.load( )方法执行结果

语法格式如下：

```
$(selector).get(url,data,success(response,status,xhr),dataType)
```

该函数是简写的 Ajax 函数，等价于：

```
$.ajax({
  url: url,
  data: data,
  success: success,
  dataType: dataType
});
```

根据响应的不同的 MIME 类型，传递给 success 回调函数的返回数据也有所不同，这些数据可以是 XML root 元素、文本字符串、JavaScript 文件或者 JSON 对象。也可向 success 回调函数传递响应的文本状态。

例 1：请求 test.php 网页，忽略返回值。

```
$.get("test.php")
```

例 2：请求 test.php 网页，传送两个参数，忽略返回值。

```
$.get("test.php", { name: "John", time: "2pm" } );
```

例 3：显示 test.php 返回值（HTML 或 XML，取决于返回值）。

```
$.get("test.php", function(data){
  alert("Data Loaded: " + data);
});
```

例 4：显示 test.php 返回值（HTML 或 XML，取决于返回值），添加一组请求参数。

```
$.get("test.php", { name: "John", time: "2pm" },
  function(data){
    alert("Data Loaded: " + data);
});
```

示例代码如下，文件名为“$get( ).html”。

```
<!DOCTYPE html>
<head>
<title>$.get( )方法</title>
<meta charset="utf-8" />
<script type="text/JavaScript" src="jquery-1.10.2.js"></script>
<script>
$(document).ready(function( ){
  $("button").click(function( ){
    $.get("jquery/MyJsp.jsp",function(data,status){
      alert("数据: " + data + "\n 状态: " + status);
    });
  });
});
</script>
</head>
<body>
<button>向页面发送 HTTP GET 请求，然后获得返
回的结果</button>
</body>
</html>
```

在浏览器中测试，执行结果如图 5-3 所示。

图 5-3 $.get( )方法执行结果

5.1.4 $.post( )方法

$.post( )方法通过 HTTP POST 请求从服务器载入数据。语法格式如下：

```
jQuery.post(url,data,success(data, textStatus, jqXHR),dataType)
```

该函数是简写的 Ajax 函数，等价于：

```
$.ajax({
  type: 'POST',
  url: url,
  data: data,
  success: success,
  dataType: dataType
});
```

根据响应的不同的 MIME 类型，传递给 success 回调函数的返回数据也有所不同，这些数据可以是 XML 根元素、文本字符串、JavaScript 文件或者 JSON 对象。也可向 success 回调函数传递响应的文本状态。

例 1：请求 test.php 页面，并一起发送一些额外的数据（同时仍然忽略返回值）。

```
$.post("test.php", { name: "John", time: "2pm" } );
```

例 2：向服务器传递数据数组（同时仍然忽略返回值）。

```
$.post("test.php", { 'choices[]': ["Jon", "Susan"] });
```

例 3：使用 Ajax 请求发送表单数据。

```
$.post("test.php", $("#testform").serialize( ));
```

例 4：输出来自请求页面 test.php 的结果（HTML 或 XML，取决于所返回的内容）：

```
$.post("test.php", function(data){
   alert("Data Loaded: " + data);
});
```

例 5：向页面 test.php 发送数据，并输出结果（HTML 或 XML，取决于所返回的内容）。

```
$.post("test.php", { name: "John", time: "2pm" },
   function(data){
     alert("Data Loaded: " + data);
   });
```

例 6：获得 test.php 页面的内容，并存储为 XMLHttpResponse 对象，并通过 process( )这个 JavaScript 函数进行处理。

```
$.post("test.php", { name: "John", time: "2pm" },
   function(data){
     process(data);
   }, "xml");
```

例 7：获得 test.php 页面返回的 json 格式的内容。

```
$.post("test.php", { "func": "getNameAndTime" },
   function(data){
```

```
      alert(data.name); // John
      console.log(data.time); //  2pm
    }, "json");
```

示例代码如下，文件名为“$post( ).html”。

```
<!DOCTYPE html>
<head>
<title>$.post( )方法</title>
<meta charset="utf-8" />
<script type="text/JavaScript" src="jquery-1.10.2.js"></script>
<script>
$(document).ready(function( ){
  $("button").click(function( ){
    $.post("jquery/demo_test_post.jsp",
    {
      name:"Donald Duck",
      city:"Duckburg"
    },
    function(data,status){
      alert("数据: " + data + "\n 状态: " + status);
    });
  });
});
</script>
</head>
<body>
<button>向页面发送 HTTP POST 请求，并获得返回的结果</button>
</body>
</html>
```

在浏览器中测试，执行结果如图 5-4 所示。

图 5-4 $.post( )方法执行结果

5.1.5 $.getJSON( )方法

$.getJSON( )方法是 jQuery 中的一个全局方法，该方法通过 GET 方式请求载入 JSON 数据。语法格式如下：

```
    var xmlReg = $.getJSON(url,data,success
(data,status,xhr))
```

在 jQuery 1.2 中，用户可以通过使用 JSONP 形式的回调函数来加载其他网域的 JSON 数据，如“myurl?callback=?”。jQuery 将自动替换“?”为正确的函数名，以执行回调函数。注意：此行以后的代码将在这个回调函数执行前执行。

$.getJSON( )函数也是简写的 Ajax 函数，等价于：

```
$.ajax({
  url: url,
  data: data,
  success: callback,
  dataType: json
});
```

发送到服务器的数据可作为查询字符串附加到 URL 之后。如果 data 参数的值是对象（映射），那么在附加到 URL 之前将转换为字符串，并进行 URL 编码。传递给 callback 的返回数据，可以是 JavaScript 对象，或以 JSON 结构定义的数组，并使用$.parseJSON( )方法进行解析。

首先，准备一些 JSON 数据。新建一个 PeopleList.jsp，代码如下：

```
<%@ page language="java" import="java.util.*" pageEncoding="utf-8"%>
[{
  "name" : "David li",
  "age" : 61,
  "isMale" : true
},{
  "name" : "Michael Clinton",
  "age" : 53,
  "isMale" : true
},{
  "name" : "Brook Ann",
  "age" : 23,
  "isMale" : false
},{
  "name" : "Mary Johnson",
  "age" : 35,
  "isMale" : false
},{
  "name" : "Elizabeth Jones",
  "age" : 33,
  "isMale" : false
},{
  "name" : "James Smith",
  "age" : 25,
  "isMale" : true
}]
```

这里静态存放了一些 JSON 对象集合，以备请求时使用。

新建一个 getJSON.html 页面。在页面中添加一个表格，用于显示请求到的 JSON 数据，代码如下：

```
<table id="peoples" cellspacing="1">
<thead>
<tr><td>Name</td><td>Age</td><td>Sex</td></tr>
</thead>
<tbody></tbody>
</table>
```

然后，添加 jQuery 代码，异步请求 JSON 数据，并填充到页面中，代码如下：

```
$(document).ready(function( ){
    /* 异步请求，载入 JSON 数据 */
    $.getJSON("http://localhost:8080/ajaxCh 5/PeopleList.jsp",
    function(data){
        /* 遍历请求结果 */
        $.each(data,
        function(index, p){
            var html = "<tr><td>" + p.name + "</td><td>" + p.age +
            "</td><td>" + (p.isMale ? "male" : "female") + "</td></tr>"
            $("#peoples>tbody").append(html);
        });
    });
});
```

代码遍历了请求到的 JSON 数据集合，并获取相应的对象属性，组织代码呈现到页面中。在浏览器中运行页面，执行结果如图 5-5 所示。

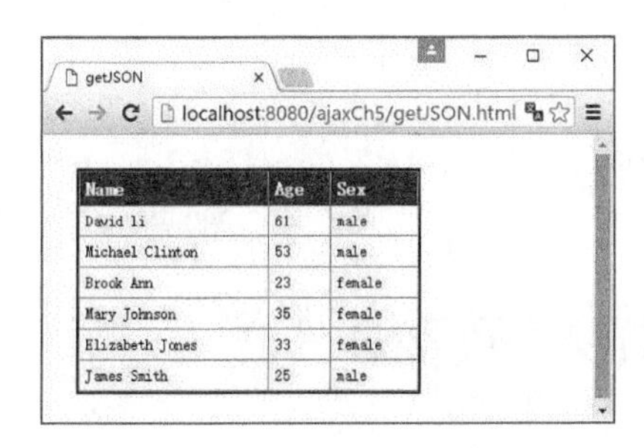

图 5-5 $.getJSON( )方法执行结果

jQuery 下请求 JSON 数据显示效果

5.1.6 $.getScript( )方法

$.getScript( )方法通过 HTTP GET 请求载入并执行 JavaScript 文件。语法如下：

```
jQuery.getScript(url,success(response,status))
```

该函数是简写的 Ajax 函数，等价于：

```
$.ajax({
```

```
    url: url,
    dataType: "script",
    success: success
  });
```

这里的回调函数会传入返回的 JavaScript 文件。这通常不怎么有用，因为那时脚本已经运行了。载入的脚本在全局环境中执行，因此能够引用其他变量，并使用 jQuery 函数。

例如：加载一个 test.js 文件，里边包含下面这段代码。

```
function showMsg( )
{
    alert("This is Message");
}
```

该文件需要在 getScript.html 页面运行的时候动态加载。

getScript.html 文件有一个命令按钮，代码如下：

```
<input type="button" value="Button" id="input" />
```

接下来，为其绑定动态加载事件，jQuery 代码如下：

```
$(document).ready(function( ){
  $("#input").click(function( ){
     $.getScript("Test.js", function(data){
        showMsg( );
     });
  });
```

上述代码为命令按钮 input 添加单击事件处理程序，在该事件处理程序中调用$.getScript( )方法异步加载 Test.js 文件，然后在异步加载成功以后调用 Test.js 文件中的 showMsg( )方法。

在浏览器中运行 getScript.html 页面，单击命令按钮以后，程序开始加载 Test.js 文件，调用 showMsg( )方法，弹出对话框，如图 5-6 所示。

图 5-6　$.getScript ( )方法执行结果

5.2　序列化表单数据

5.2.1　serialize( )方法的定义和用法

serialize( )方法通过序列化表单值，创建 URL 编码文本字符串。可以选择一个或多个表单元素（如 input 及/或文本框），或者 form 元素本身。序列化的值可在生成 AJAX 请求时用于 URL 查询字符串中。语法格式如下：

```
$(selector).serialize( )
```

.serialize( )方法创建以标准 URL 编码表示的文本字符串。它的操作对象是代表表单元素集合的 jQuery 对象。

表单元素有几种类型。

```
<form>
  <div><input type="text" name="a" value="1" id="a" /></div>
  <div><input type="text" name="b" value="2" id="b" /></div>
  <div><input type="hidden" name="c" value="3" id="c" /></div>
  <div>
    <textarea name="d" rows="8" cols="40">4</textarea>
  </div>
  <div><select name="e">
    <option value="5" selected="selected">5</option>
    <option value="6">6</option>
    <option value="7">7</option>
  </select></div>
  <div>
    <input type="checkbox" name="f" value="8" id="f" />
  </div>
  <div>
    <input type="submit" name="g" value="Submit" id="g" />
  </div>
</form>
```

.serialize( )方法可以用来操作已选取个别表单元素的 jQuery 对象，如<input>、<textarea> 和 <select>。不过，选择<form> 标签本身进行序列化一般更容易些。

```
$('form').submit(function( ) {
  alert($(this).serialize( ));
  return false;
});
```

输出标准的查询字符串：

```
a=1&b=2&c=3&d=4&e=5
```

只会将“成功的控件”序列化为字符串。如果不使用按钮来提交表单，则不对提交按钮的值序列化。如果要使表单元素的值包含到序列字符串中，元素必须具有 name 属性。

示例代码如下，文件名为“serialize( ).html”。

```
<!DOCTYPE html>
<head>
<title>serialize( )方法序列化表单数据</title>
<meta charset="utf-8" />
<script type="text/JavaScript" src="jquery-1.10.2.js"></script>
<script>
  $(document).ready(function( ) {
     $("button").click(function( ) {
```

```
            $("div").text($("form").serialize( ));
        });
    });
</script>
</head>
<body>
  <form action="">
     First name: <input type="text" name="FirstName" value="Bill" /><br />
     Last name: <input type="text" name="LastName" value="Gates" /><br />
  </form>
  <button>序列化表单值</button>
  <div></div>
</body>
</html>
```

在浏览器中测试，执行结果如图 5-7 所示。

5.2.2 serializeArray( )方法

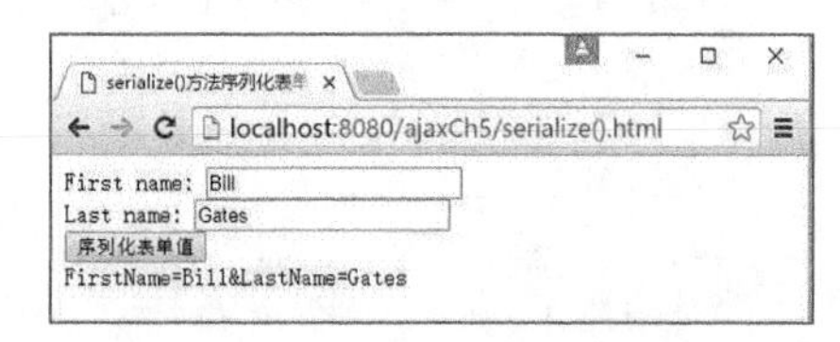

图 5-7 serialize( )方法执行结果

serializeArray( )方法通过序列化表单值来创建对象数组(名称和值)。可以选择一个或多个表单元素(如 input 及/或 textarea)，或者 form 元素本身。语法格式如下：

```
$(selector).serializeArray( )
```

serializeArray( )方法序列化表单元素（类似.serialize( )方法），返回 JSON 数据结构数据。此方法返回的是 JSON 对象而非 JSON 字符串。需要使用插件或者第三方库进行字符串化操作。

返回的 JSON 对象是由一个对象数组组成的，其中每个对象包含一个或两个名值对 ——name 参数和 value 参数（如果 value 不为空的话）。例如：

```
[
  {name: 'firstname', value: 'Hello'},
  {name: 'lastname', value: 'World'},
  {name: 'alias'}, // 值为空
]
```

.serializeArray( )方法使用了 W3C 关于 successful controls（有效控件）的标准来检测哪些元素应当包括在内。特别说明，元素不能被禁用（禁用的元素不会被包括在内），并且元素应当具有 name 属性。提交按钮的值也不会被序列化。文件选择元素的数据也不会被序列化。该方法可以对已选择单独表单元素的对象进行操作，如<input>、<textarea>和<select>。不过，更方便的方法是直接选择<form>标签自身来进行序列化操作。

```
$("form").submit(function( ) {
  console.log($(this).serializeArray( ));
  return false;
```

```
});
```

示例代码如下，文件名为“serializeArray( ).html”。

```
<!DOCTYPE html>
<head>
<title>serializeArray( )序列化表单数据</title>
<meta charset="utf-8" />
<script type="text/JavaScript" src="jquery-1.10.2.js"></script>
<script>
  $(document).ready(function( ) {
      $("button").click(function( ) {
          x = $("form").serializeArray( );
          $.each(x, function(i, field) {
              $("#results").append(field.name + ":" + field.value + " ");
          });
      });
  });
</script>
</head>
<body>
<form action="">
First name: <input type="text" name="FirstName" value="Bill" /><br />
Last name: <input type="text" name="LastName" value="Gates" /><br />
</form>
<button>序列化表单值</button>
<div id="results"></div>
</body>
</html>
```

在浏览器中测试，执行结果如图 5-8 所示。

图 5-8　serializeArray( )方法执行结果

5.3　设置全局 Ajax 默认选项

在应用程序中，经常需要编写大量的 Ajax 方法来实现各种功能，每次都在$.ajax( )方法中设置大量参数，非常不方便。jQuery 提供了$.ajaxSetup( )方法，可以设置全局的 Ajax 默认参数项。$.ajaxSetup( )方法的语法格式如下：

```
$.ajaxSetup([options])
```

其中，参数 options 是可选的，所有配置选项都可以随意设置。该参数选项与$.ajax( )方法的参数选项完全一致。

$.ajaxSetup( )方法将返回 jQuery，可以使用其执行链式操作。

例如，页面中 Ajax 的默认请求地址是 Test.html，请求方式为 POST，禁止触发全局事件，预期服务器返回的数据类型为 json，并且在异步请求出现错误的时候，弹出错误状态提示对话框。可以使用以下 jQuery 代码进行配置。

```
$.ajaxSetup({
 url: "Test.html",
 type: "POST",
 global : false,
 datatype : "json",
 error:function(xhr,textStatus,errorThrown){
   alert(textStatus);
 }
});
```

配置完以后就可以直接使用无参的$.ajax( )方法执行 Ajax 请求了，代码如下：

```
{
    "username":"zhangsan",
    age : 13,
    sex : "male"
}
```

在浏览器中运行页面，弹出错误信息，如图 5-9 所示：

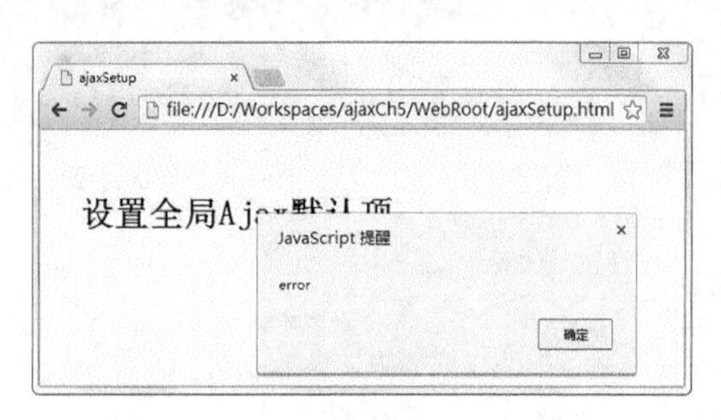

图 5-9　$.ajaxSetup( )方法执行结果

5.4　Ajax 全局事件

jQuery 处理 Ajax 的优势不只在于简化 Ajax 操作和处理 Ajax 响应的方法上，还在于对整个请求响应过程的全程监控。对于一些公有特征的 Ajax 事件处理逻辑，jQuery 还提供了一系列全局事件函数，能够为各种 Ajax 事件注册回调函数。

jQuery 提供的全局事件函数有以下几个。

（1）ajaxComplete(callback)：Ajax 请求完成时触发该事件。

（2）ajaxError(callback)：Ajax 请求出现错误时触发该事件。

（3）ajaxSend(callback)：Ajax 请求发送前触发该事件。

（4）ajaxStart(callback)：Ajax 请求开始时触发该事件。

（5）ajaxStop(callback)：Ajax 请求结束时触发该事件。

（6）ajaxSuccess(callback)：Ajax 请求成功时触发该事件。

以上几个函数的参数 callback 都是触发事件时执行的事件处理程序，其中 ajaxStart( )方法和 ajaxStop( )方法的事件处理程序是一个无参的函数，其余都可以有三个参数，语法格式如下：

```
function(event,XHR,settings){
    /*event 是触发的事件对象*/
    /*XHR 是 XMLHttpRequest 对象*/
    /*settings 是 Ajax 请求配置参数*/
}
```

例如，通常在执行异步请求操作的时候，页面并不会有任何变化。在请求的数据量较大，或者服务器比较繁忙的时候，页面长时间无反应，访问者可能会比较焦虑。可以在页面中给用户一个提示，减轻用户的焦虑感，也使得页面更加人性化。

页面代码如下：

```
<div id="loading">Loading.....</div>
<textarea id="content"></textarea>
<button name="btnLoad">Load</button>
```

jQuery 代码如下：

```
$(document).ready(function( ){
    $("#loading").hide( );
    $("#loading").ajaxStart(function( ){
      $(this).show( );
    });
    $("#loading").ajaxStop(function( ){
      $(this).hide( );
    });
    $("button[name='btnLoad']").click(function( ){
    $.get(http://www.sohu.com,null,function( ){
      $("#content").text(data);
});
});
});
```

代码中先隐藏 id 为 loading 的 div，然后在这个 div 上添加一个 ajaxStart( )方法和一个 ajaxStop( )方法，监听异步请求的开始事件和结束事件，在这两个事件中分别显示和隐藏这个 div。最后，为命令按钮添加单击事件处理程序，在该事件处理程序中异步请求搜狐网页首页，并让请求结果显示到指定的文本域里。

接下来再看一个例子，以说明这几个事件的执行顺序。

页面代码如下：

```
<div id="show"></div>
<button name="btnLoad">Load</button>
```

jQuery 代码如下：

```
$(document).ready(function( ){
    $("#show").ajaxStart(function( ){
        $(this).append(“<p>Run ajaxStart</p>");
    });
        $("#show").ajaxStop(function( ){
        $(this).append("<p>Run ajaxStop</p>");
    });
    $("#show").ajaxComplete(function( ){
        $(this).append("<p>Run ajaxComplete</p>");
    });
    $("#show").ajaxError(function( ){
        $(this).append("<p>Run ajaxError</p>");
    });
    $("#show").ajaxSend(function( ){
        $(this).append("<p>Run ajaxSend</p>");
    });
    $("#show").ajaxSuccess(function( ){
        $(this).append("<p>Run ajaxSuccess</p>");
    });
    $("button[name='btnLoad']").click(function( ){
        $.get("http://www.sohu.com");
    });
});
```

在浏览器中运行页面，单击“Load”按钮，执行结果如图 5-10 所示。

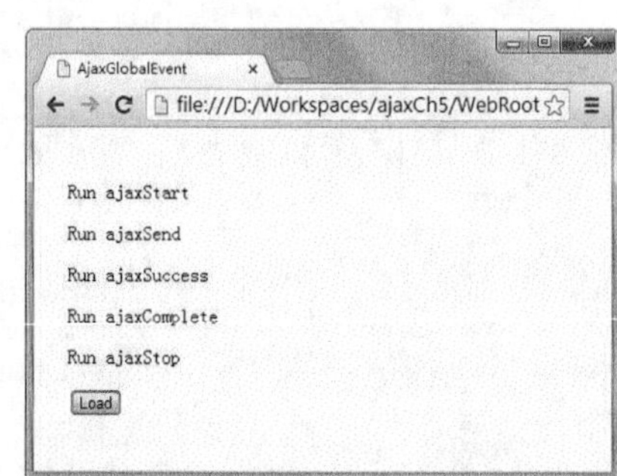

图 5-10　Ajax 全局事件触发顺序

在 jQuery 中，Ajax 全局事件方法默认将捕获所有匹配的 Ajax 事件。不过 jQuery 也考虑到了不需要事件捕获的特殊情况。在 jQuery 的$.ajax( )方法和$.ajaxSetup( )方法的 options 参数配置项中，有一个 global 属性，可以配置 Ajax 请求是否触发全局 Ajax 事件。将 global 属性设置为 false，该 Ajax 请求将不会触发全局 Ajax 事件。

小　　结

本章主要学习了 jQuery 中的 Ajax 的方法，包括 ajax( )方法、load( )方法、$.get( )方法、$.post( )方法、$.getJSON( )方法和$.getScript( )方法等，并包括序列化表单数据、设置全局 Ajax 默认选项以及 Ajax 全局事件。

习　　题

1. 下列说法正确的是（　　）。

   A. JSON 字符串转换为 JavaScript 对象时只能依靠 eval 方法

   B. 因请求地址不变，导致有些浏览器认为不需要请求新的数据，而继续使用原有页面的过程叫做客户端缓存

   C. AJAX 所发出的请求是同步请求

   D. JSON 是一种轻量级的数据交换格式

2. 下列 json 表示的对象定义正确的是（　　）。

   A. var str1={'name':'ls','addr':{'city':'bj','street':'ca'} };

   B. var str1={'name':'ls','addr':{'city':bj,'street':'ca'} };

   C. var str = {'study':'english','computer':20};

   D. var str = {'study':english,'computer':20};

3. 编写页面，如图 5-11 所示，单击超链接“显示工资明细”，将在页面中显示如图 5-12 所示的效果。使用$.load( )、$.get( )、$.post( )、$.ajax( )方法发送异步请求。

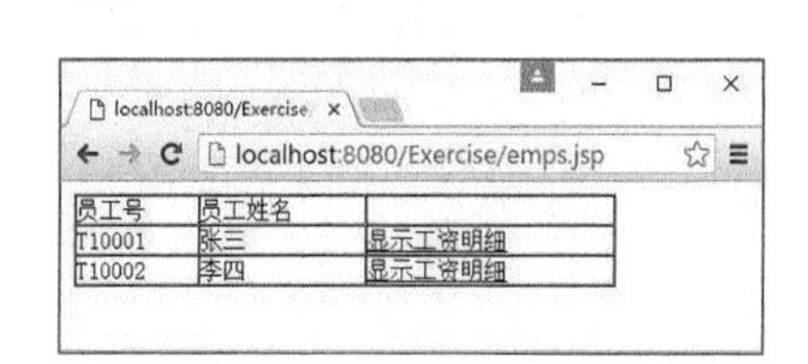

图 5-11　员工工资查询页面

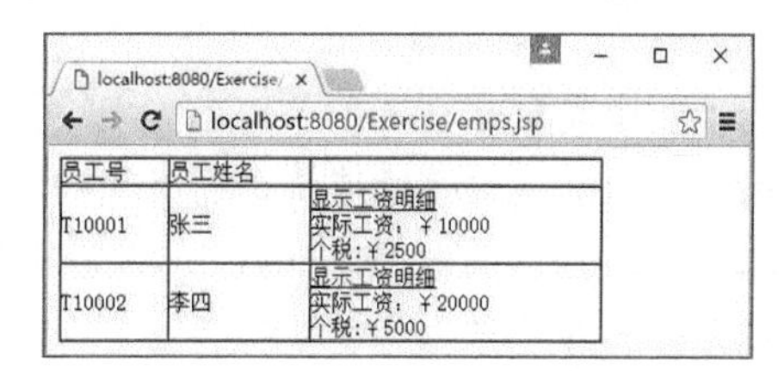

图 5-12　单击“显示工资明细”后的执行效结果

第6章 jQuery UI 的应用

学习目标

了解：jQuery UI 的设计思想。

理解：拖放组件、缩放组件、选择组件、排序组件。

掌握：jQuery UI 特效。

6.1 jQuery UI 的开发

jQuery UI 是以 jQuery 为基础的开源 JavaScript 网页用户界面代码库。包含底层用户交互、动画、特效和可更换主题的可视控件。可以直接用它来构建具有很好交互性的 Web 应用程序。所有插件测试能兼容 IE 6.0+、Firefox 3+、Safari 3.1+、Opera 9.6+、和 Google Chrome。

jQuery UI 包含许多维持状态的小部件（Widget），因此，它与典型的 jQuery 插件的使用模式略有不同。所有的 jQuery UI 小部件使用相同的模式，用户只需学会使用其中一个小部件，就可以知道如何使用其他小部件。

jQuery UI 实际上是 jQuery 插件，专指由 jQuery 官方维护的 UI 方向的插件。jQuery UI 与 jquery 的主要区别如下：

（1）jQuery 是一个 js 库，主要功能是选择器、属性修改和事件绑定等。

（2）jQuery UI 是在 jQuery 的基础上，利用 jQuery 的扩展性设计的插件，提供了一些常用的界面元素，如对话框、拖动行为、改变大小行为等。

1. jQuery UI 的优点

（1）简单易用：继承了 jQuery 简单易用的特性，提供了高度抽象接口，短期改善了网站的易用性。

（2）开源免费：采用 MIT & GPL 双协议授权，轻松地满足了自由产品至企业产品各种授权需求。

（3）广泛兼容：兼容各主流桌面浏览器，包括 IE 6+、Firefox 2+、Safari 3+、Opera 9+、Chrome 1+。

（4）轻便快捷：组件间相对独立，可按需加载，避免浪费带宽、拖慢网页打开速度。

（5）标准先进：支持 WAI-ARIA，通过标准 XHTML 代码提供渐进增强，保证低端环境可访问性。

（6）美观多变：提供近 20 种预设主题，并可自定义多达 60 项可配置样式规则，提供 24 种背景纹理选择。

（7）开放公开：从结构规划到代码编写，全程开放，文档、代码、讨论，人人均可参与。

（8）强力支持：Google 为发布代码提供 CDN 内容分发网络支持。

（9）完整汉化：开发包内置包含中文在内的 40 多种语言包。

2. jQuery UI 的缺点与不足

（1）代码不够健壮：缺乏全面的测试用例，部分组件 Bug 较多，不能达到企业级产品的开发要求。

（2）构架规划不足：组件间 API 缺乏协调，缺乏配合使用帮助。

（3）控件较少：相对于 Dojo、YUI、Ext JS 等成熟产品，可用控件较少，无法满足复杂界面功能要求。

3. 在网页上使用 jQuery UI

在文本编辑器中打开 index.html，用户将看到引用了一些外部文件：主题、jQuery 和 jQuery UI。通常情况下，用户需要在页面中引用这三个文件，以便使用 jQuery UI 的窗体小部件和交互部件：

```
<link rel="stylesheet" href="css/themename/jquery-ui.custom.css" />
<script src="js/jquery.min.js"></script>
<script src="js/jquery-ui.custom.min.js"></script>
```

一旦用户引用了这些必要的文件，就能向自己的页面添加一些 jQuery 小部件。

6.2 拖放组件

6.2.1 拖动组件简介

使用拖动组件（draggable），可以通过单击在页面上选择这些元素并拖动鼠标将其移动到浏览器区域内的任意位置。

如果要将页面上的某个元素或者元素集合变成可拖动对象，首先要导入拖动组件，它依赖于以下 JavaScript 库文件。

- jquery-1.10.2.js。
- jquery.ui.core.js。
- jquery.ui.widget.js。
- jquery.ui.mouse.js。
- jquery.ui.draggable.js。

1. 常用参数

（1）addClasses：Boolean 类型，如果设置为 false，将阻止 ui-draggable class 被添加。当在数百个元素上调用 .draggable()时，这么设置有利于性能优化。

初始化带有指定 addClasses 选项的 draggable：

```
$( ".selector" ).draggable({ addClasses: false });
```

（2）axis：String 类型，约束在水平轴(x)或垂直轴(y)上拖动。可能的值为"x"、"y"。初始化带有指定 axis 选项的 draggable。

```
$( ".selector" ).draggable({ axis: "x" });
```

（3）delay：Number 类型，鼠标按下后直到拖动开始为止的时间，以毫秒计。该选项可以防止单击在某个元素上时不必要的拖动。初始化带有指定 delay 选项的 draggable。

```
$( ".selector" ).draggable({ delay: 300 });
```

（4）revert：当拖动停止时，元素是否还原到它的开始位置；支持多个类型。

Boolean：如果设置为 true，元素总会还原。

String：如果设置为“invalid”，还原仅在 draggable 未放置在 droppable 上时发生，如果设置为“valid”则相反。

Function：一个函数，确定元素是否还原到它的开始位置。该函数必须返回 true 才能还原元素。

初始化带有指定 revert 选项的 draggable。

```
$( ".selector" ).draggable({ revert: true });
```

2. 常用方法

（1）destroy()：完全移除 draggable 功能。这会把元素返回到它的预初始化状态。

调用 destroy 方法：

```
$( ".selector" ).draggable( "destroy" );
```

（2）disable()：禁用 draggable。

调用 disable 方法：

```
$( ".selector" ).draggable( "disable" );
```

（3）enable()：启用 draggable。

调用 enable 方法：

```
$( ".selector" ).draggable( "enable" );
```

6.2.2 拖动组件的方法

1. 默认功能

在任意的 DOM 元素上启用 draggable 功能。通过单击并在视区中拖动来移动 draggable 对象。

示例代码如下，文件名为“draggable_默认功能.html”。

```
<!DOCTYPE html PUBLIC "-//W3C//DTD XHTML 1.0 Transitional//EN"
"http://www.w3.org/TR/xhtml1/DTD/xhtml1-transitional.dtd">
<html xmlns="http://www.w3.org/1999/xhtml">
<head>
<meta http-equiv="Content-Type" content="text/html; charset=utf-8" />
<title>draggable 拖动组件_默认功能</title>
<script language="JavaScript" src="ui/jquery-1.10.2.js"></script>
<script type="text/JavaScript" src="ui/jquery.ui.core.js"></script>
<script type="text/JavaScript" src="ui/jquery.ui.widget.js"></script>
<script type="text/JavaScript" src="ui/jquery.ui.mouse.js"></script>
<script type="text/JavaScript" src="ui/jquery.ui.draggable.js"></script>
```

```
<link href="themes/jquery-ui.css" rel="stylesheet" type="text/css" />
<style>
#draggable {
  width: 150px;
  height: 150px;
  padding: 0.5em;
}
</style>
<script>
  $(function( ) {
     $("#draggable").draggable( );
  });
</script>
</head>
<body>
<div id="draggable" class="ui-widget-content">
<p>请拖动我！</p>
</div>
</body>
</html>
```

执行结果如图 6-1 所示。

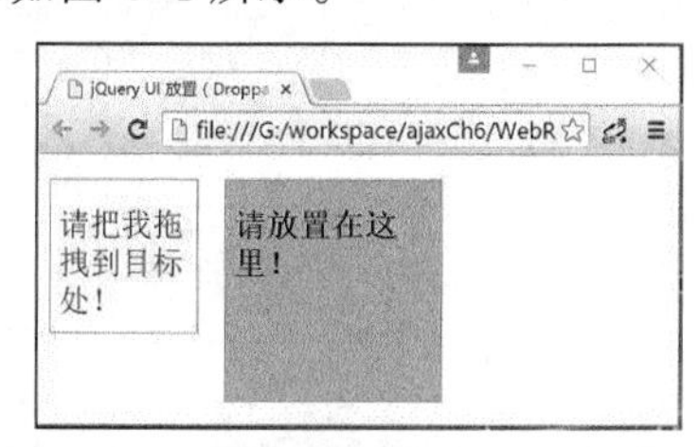

图 6-1　draggable 默认功能的执行结果

拖动效果演示

2．**事件**

这里指的是 draggable 上的 start、drag 和 stop 事件。拖动开始时触发 start 事件，拖动期间触发 drag 事件，拖动停止时触发 stop 事件。

示例代码如下，文件名为“draggable_事件.html”。

```
<!DOCTYPE html PUBLIC "-//W3C//DTD XHTML 1.0 Transitional//EN"
"http://www.w3.org/TR/xhtml1/DTD/xhtml1-transitional.dtd">
<html xmlns="http://www.w3.org/1999/xhtml">
<head>
<meta http-equiv="Content-Type" content="text/html; charset=utf-8" />
<title>jQuery UI 拖动（Draggable） - 事件</title>
<script language="JavaScript" src="ui/jquery-1.10.2.js"></script>
```

```
    <script type="text/JavaScript" src="ui/jquery.ui.core.js"></script>
    <script type="text/JavaScript" src="ui/jquery.ui.widget.js"></script>
    <script type="text/JavaScript" src="ui/jquery.ui.mouse.js"></script>
    <script type="text/JavaScript" src="ui/jquery.ui.draggable.js"></script>
    <link href="themes/jquery-ui.css" rel="stylesheet" type="text/css" />
    <link href="themes/style.css" rel="stylesheet" type="text/css" />
    <style>
      #draggable { width: 16em; padding: 0 1em; }
      #draggable ul li { margin: 1em 0; padding: 0.5em 0; } * html #draggable
ul li { height: 1%; }
      #draggable ul li span.ui-icon { float: left; }
      #draggable ul li span.count { font-weight: bold; }
      </style>
      <script>
      $(function( ) {
        var $start_counter = $( "#event-start" ),
          $drag_counter = $( "#event-drag" ),
          $stop_counter = $( "#event-stop" ),
          counts = [ 0, 0, 0 ];
        $( "#draggable" ).draggable({
          start: function( ) {
            counts[ 0 ]++;
            updateCounterStatus( $start_counter, counts[ 0 ] );
          },
          drag: function( ) {
            counts[ 1 ]++;
            updateCounterStatus( $drag_counter, counts[ 1 ] );
          },
          stop: function( ) {
            counts[ 2 ]++;
            updateCounterStatus( $stop_counter, counts[ 2 ] );
          }
        });
        function updateCounterStatus( $event_counter, new_count ) {
          // 首先更新视觉状态...
          if ( !$event_counter.hasClass( "ui-state-hover" ) ) {
            $event_counter.addClass( "ui-state-hover" )
              .siblings( ).removeClass( "ui-state-hover" );
          }
```

```
        // ...然后更新数字
        $( "span.count", $event_counter ).text( new_count );
      }
    });
    </script>
  </head>
  <body>
  <div id="draggable" class="ui-widget ui-widget-content">
  <p>请拖拽我，触发一连串的事件。</p>
  <ul class="ui-helper-reset">
  <li  id="event-start"  class="ui-state-default  ui-corner-all"><span class="ui-icon ui-icon-play"></span>"start" 被调用 <span class="count">0</span>x</li>
  <li  id="event-drag"  class="ui-state-default  ui-corner-all"><span class="ui-icon ui-icon-arrow-4"></span>"drag" 被调用 <span class="count">0</span>x</li>
  <li  id="event-stop"  class="ui-state-default  ui-corner-all"><span class="ui-icon ui-icon-stop"></span>"stop" 被调用 <span class="count">0</span>x</li>
  </ul>
  </div>
  </body>
  </html>
```

执行结果如图 6-2 所示。

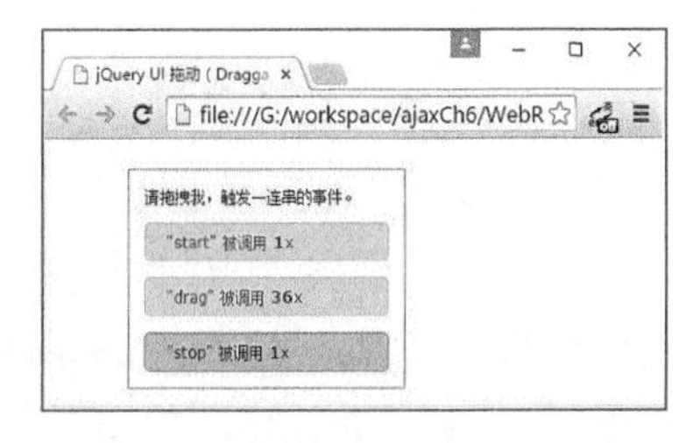

图 6-2　draggable 事件执行结果

拖动事件演示

6.2.3　放置组件简介

在页面上拖动一个元素而没有放置目标是毫无意义的。因此，放置组件实际上是拖动组件的升级。放置组件为拖动元素提供了可以投放的地点，并且在将拖动元素投放到该区域时触发某种事件，然后可以编写投放事件的处理函数。

投放组件是由 jQuery UI 库中的 Droppable 组件来完成的，该组件的默认实现需要导入以下文件。

- jquery-1.10.2.js。
- jquery.ui.core.js。
- jquery.ui.widget.js。
- jquery.ui.mouse.js。
- jquery.ui.draggable.js。
- jquery.ui.droppable.js。

使用 jQuery 选择器匹配元素之后调用 droppable( )方法即可。该方法语法格式如下：

```
$( ".selector" ).droppable(option);
```

其中，options 参数是可选的，如果参数省略，则使用默认配置来初始化放置组件。

1. 常用参数

（1）accept：Selector 或 Function( ) 类型，控制哪个可拖动（draggable）元素可被 droppable 接受。

Selector：一个选择器，指定哪个可拖动（draggable）元素可被 droppable 接受。

Function( )：一个函数，将被页面上每个 draggable 调用（作为第一个参数传递给函数）。如果 draggable 被接受，该函数必须返回 true。

初始化带有指定 accept 选项的 droppable：

```
$( ".selector" ).droppable({ accept: ".special" });
```

（2）activeClass String 类型，如果指定了该选项，当一个可接受的 draggable 被拖动时，class 将被添加到 droppable。

初始化带有指定 activeClass 选项的 droppable：

```
$( ".selector" ).droppable({ activeClass: "ui-state-highlight" });
```

（3）disabled：Boolean 类型如果设置为 true，则禁用该 droppable。

初始化带有指定 disabled 选项的 droppable：

```
$( ".selector" ).droppable({ disabled: true });
```

2. 常用方法

（1）destroy( ) jQuery (plugin only) 完全移除 droppable 功能。这会把元素返回到它的预初始化状态。

调用 destroy( )方法：

```
$( ".selector" ).droppable( "destroy" );
```

（2）disable( ) jQuery (plugin only) 禁用 droppable。

调用 disable( )方法：

```
$( ".selector" ).droppable( "disable" );
```

（3）enable( ) jQuery (plugin only) 启用 droppable。该方法不接受任何参数。

调用 enable( )方法：

```
$( ".selector" ).droppable( "enable" );
```

6.2.4 放置组件的应用

在任意的 DOM 元素上启用 droppable 功能，并为可拖动小部件创建目标。

示例代码如下，文件名为“droppable_默认功能.html”。

```
<!DOCTYPE html PUBLIC "-//W3C//DTD XHTML 1.0 Transitional//EN" "http://
www.w3.org/TR/xhtml1/DTD/xhtml1-transitional.dtd">
<html xmlns="http://www.w3.org/1999/xhtml">
<head>
<meta http-equiv="Content-Type" content="text/html; charset=utf-8" />
<title>jQuery UI 放置（Droppable） - 默认功能</title>
</title>
<script language="JavaScript" src="ui/jquery-1.10.2.js"></script>
<script type="text/JavaScript" src="ui/jquery.ui.core.js"></script>
<script type="text/JavaScript" src="ui/jquery.ui.widget.js"></script>
<script type="text/JavaScript" src="ui/jquery.ui.mouse.js"></script>
<script type="text/JavaScript" src="ui/jquery.ui.draggable.js"></script>
<script type="text/JavaScript" src="ui/jquery.ui.droppable.js"></script>
<link href="themes/jquery-ui.css" rel="stylesheet" type="text/css" />
<link href="themes/style.css" rel="stylesheet" type="text/css" />
<style>
#draggable {
  width: 100px;
  height: 100px;
  padding: 0.5em;
  float: left;
  margin: 10px 10px 10px 0;
}
#droppable {
  width: 150px;
  height: 150px;
  padding: 0.5em;
  float: left;
  margin: 10px;
}
</style>
<script>
  $(function( ) {
     $("#draggable").draggable( );
     $("#droppable").droppable(
     {
        drop : function(event, ui) {
           $(this).addClass("ui-state-highlight").find("p").html(
```

```
            "Dropped!");
        }
      });
   });
</script>
</head>
<body>
<div id="draggable" class="ui-widget-content">
<p>
<font size="5">请把我拖拽到目标处！</font>
</p>
</div>
<div id="droppable" class="ui-widget-header">
<p>
<font size="5">请放置在这里！</font>
</p>
</div>
</body>
</html>
```

执行结果如图 6-3 所示。

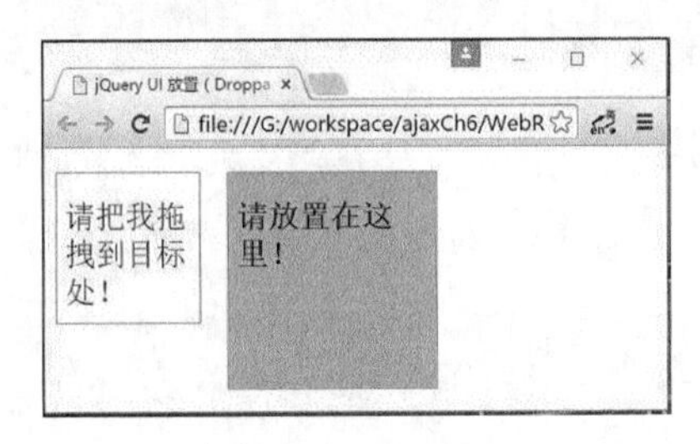

图 6-3　droppable 默认功能执行效果

投放组件演示

6.4　缩 放 组 件

使用鼠标改变元素的尺寸。jQuery UI 可调整尺寸（Resizable）插件让被选元素可调整尺寸（意味着它们有可拖动的调整大小的手柄）。用户可以指定一个或多个手柄，也可以指定宽度和高度的最小值和最大值。

如果要调整元素的尺寸，首先要导入尺寸调整组件，它依赖于以下 JavaScript 库文件。

- jquery-1.10.2.js。
- jquery.ui.core.js。
- jquery.ui.widget.js。
- jquery.ui.mouse.js。
- jquery.ui.resizable.js。

6.4.1　缩放组件的方法

1. **常用参数**

（1）alsoResize：Selector 类型，一个或多个通过 resizable 元素进行同步调整尺寸的元素。

初始化带有指定 alsoResize 选项的 resizable：

```
$( ".selector" ).resizable({ alsoResize: "#mirror" });
```

（2）animate Boolean：调整尺寸后动态变化到最终尺寸。

初始化带有指定 animate 选项的 resizable：

```
$( ".selector" ).resizable({ animate: true });
```

（3）animateDuration：当使用 animate 选项时动画持续的时间，支持多个类型。

Number：持续时间，以毫秒计。

String：一个命名的持续时间，比如“slow”或“fast”。

初始化带有指定 animateDuration 选项的 resizable：

```
$( ".selector" ).resizable({ animateDuration: "fast" });
```

（4）cancel Selector：防止从指定的元素上开始调整尺寸。

初始化带有指定 cancel 选项的 resizable：

```
$( ".selector" ).resizable({ cancel: ".cancel" });
```

containment：Selector 或 Element 或 String 类型，约束在指定元素或区域的边界内调整尺寸。

支持多个类型：

Selector：可调整尺寸元素将被包含在 selector 第一个元素的边界内。如果未找到元素，则不设置 containment。

Element：可调整尺寸元素将被包含在元素的边界内。

String：可能的值：“parent”“document”。

初始化带有指定 containment 选项的 resizable。

```
$( ".selector" ).resizable({ containment: "parent" });
```

（5）delay Number：鼠标按下后直到调整尺寸开始为止的时间，以毫秒计。如果指定了该选项，调整只有在鼠标移动超过时间后才开始。该选项可以防止单击在某个元素上时不必要的调整尺寸。

初始化带有指定 delay 选项的 resizable：

```
$( ".selector" ).resizable({ delay: 150 });
```

在初始化后，获取或设置 delay 选项。

```
// getter
var delay = $( ".selector" ).resizable( "option", "delay" );
// setter
$( ".selector" ).resizable( "option", "delay", 150 );
```

（6）handles String 或 Object 可用于调整尺寸的处理程序，支持多个类型。

String：一个逗号分隔的列表，列表值为 n、e、s、w、ne、se、sw、nw、all 中的任意值。必要的处理程序由插件自动生成。

Object：n、e、s、w、ne、se、sw、nw 等键。任何指定的值应该是一个 jQuery 选择器，该选择器作为处理程序使用的 resizable 的子元素。

初始化带有指定 handles 选项的 resizable。

```
$( ".selector" ).resizable({ handles: "n, e, s, w" });
```

2. 常用方法

（1）destroy( ) jQuery (plugin only)：完全移除 droppable 功能，将元素返回到它的预初始化状态。

调用 destroy( )方法：

```
$( ".selector" ).droppable( "destroy" );
```

（2）disable( ) jQuery (plugin only) ：禁用 droppable。

该方法不接受任何参数。

调用 disable( )方法：

```
$( ".selector" ).droppable( "disable" );
```

（3）enable( ) jQuery (plugin only) ：启用 droppable。

调用 enable( )方法：

```
$( ".selector" ).droppable( "enable" );
```

6.4.2 缩放组件的应用

1. 默认功能

在任意的 DOM 元素上启用 resizable 功能。通过鼠标拖动右边或底边的边框到所需的宽度或高度。

示例代码如下，文件名为“resizable_默认功能.html”。

```
<!DOCTYPE html PUBLIC "-//W3C//DTD XHTML 1.0 Transitional//EN" "http://www.
w3.org/TR/xhtml1/DTD/xhtml1-transitional.dtd">
<html xmlns="http://www.w3.org/1999/xhtml">
<head>
<meta http-equiv="Content-Type" content="text/html; charset=utf-8" />
<title>jQuery UI 缩放（Resizable） - 默认功能</title>
</title>
<script language="JavaScript" src="ui/jquery-1.10.2.js"></script>
<script type="text/JavaScript" src="ui/jquery.ui.core.js"></script>
<script type="text/JavaScript" src="ui/jquery.ui.widget.js"></script>
<script type="text/JavaScript" src="ui/jquery.ui.mouse.js"></script>
<script type="text/JavaScript" src="ui/jquery.ui.resizable.js"></script>
<link href="themes/jquery-ui.css" rel="stylesheet" type="text/css" />
<link href="themes/style.css" rel="stylesheet" type="text/css" />
<style>
#resizable { width: 150px; height: 150px; padding: 0.5em; }
```

```
#resizable h3 { text-align: center; margin: 0; }
</style>
<script>
$(function( ) {
$( "#resizable" ).resizable( );
});
</script>
</head>
<body>
<div id="resizable" class="ui-widget-content">
<h3 class="ui-widget-header">缩放（Resizable）</h3>
</div>
</body>
</html>
```

执行结果如图 6-4 所示。

图 6-4　缩放组件默认功能执行效果

缩放组件效果演示

6.5　选 择 组 件

选择（Selectable）组件可以让用户页面上的一些元素变成可选择的，用户可以通过单击元素或者拖动的方式来选择它们，也可以按住 Ctrl 键来选择不连续的元素。

如果要将页面上某些元素变成可选择对象，首先需要导入选择组件，它依赖于以下 JavaScript 库文件。

- jquery-1.10.2.js。
- jquery.ui.core.js。
- jquery.ui.widget.js。
- jquery.ui.mouse.js。
- jquery.ui.selectable.js。

6.5.1　选择组件的方法

1. 常用属性

（1）appendTo：Selector 选择助手（套索）要被添加到哪一个元素。

初始化带有指定 appendTo 选项的 draggable：

```
$( ".selector" ).selectable({ appendTo: "#someElem" });
```

在初始化后，获取或设置 appendTo 选项：

```
// getter
var appendTo = $( ".selector" ).selectable( "option", "appendTo" );
// setter
$( ".selector" ).selectable( "option", "appendTo", "#someElem" );
```

（2）autoRefresh：Boolean 选项决定是否在每个选择操作开始时更新（重新计算）每个选项的位置和尺寸。如果用户有多个项目，可能要设置该选项为 false，并手动调用 refresh( ) 方法。

初始化带有指定 autoRefresh 选项的 draggable：

```
$( ".selector" ).selectable({ autoRefresh: false });
```

在初始化后，获取或设置 autoRefresh 选项：

```
// getter
var autoRefresh = $( ".selector" ).selectable( "option", "autoRefresh" );
// setter
$( ".selector" ).selectable( "option", "autoRefresh", false );
```

（3）cancel Selector：防止从匹配选择器的元素上开始选择。

初始化带有指定 cancel 选项的 selectable：

```
$( ".selector" ).selectable({ cancel: "a,.cancel" });
```

在初始化后，获取或设置 cancel 选项：

```
// getter
var cancel = $( ".selector" ).selectable( "option", "cancel" );
// setter
$( ".selector" ).selectable( "option", "cancel", "a,.cancel" );
 "input, textarea, button, select, option"
```

（4）delay Number：鼠标按下后直到选择开始为止的时间，以毫秒计。该选项可以防止单击在某个元素上时不必要的选择。

初始化带有指定 delay 选项的 selectable：

```
$( ".selector" ).selectable({ delay: 150 });
```

在初始化后，获取或设置 delay 选项：

```
// getter
var delay = $( ".selector" ).selectable( "option", "delay" );
// setter
$( ".selector" ).selectable( "option", "delay", 150 );
```

（5）disabled Boolean：如果设置为 true，则禁用该 selectable。

初始化带有指定 disabled 选项的 selectable：

```
$( ".selector" ).selectable({ disabled: true });
```

在初始化后，获取或设置 disabled 选项：

```
// getter
var disabled = $( ".selector" ).selectable( "option", "disabled" );
// setter
$( ".selector" ).selectable( "option", "disabled", true );
```

（6）distance Number：鼠标按下后选择开始前必须移动的距离，以像素计。如果指定了该选项，选择只有在鼠标拖动超出指定距离时才会开始。该选项可以防止单击在某个元素上时不必要的选择。

初始化带有指定 distance 选项的 selectable：

```
$( ".selector" ).selectable({ distance: 30 });
```

（7）filter Selector 要制作选择项（可被选择的）的匹配的子元素。

初始化带有指定 filter 选项的 selectable：

```
$( ".selector" ).selectable({ filter: "li" });
```

在初始化后，获取或设置 filter 选项：

```
// getter
var filter = $( ".selector" ).selectable( "option", "filter" );
// setter
$( ".selector" ).selectable( "option", "filter", "li" );
 "*"
```

2. 常用方法

（1）destroy() jQuery (plugin only)：完全移除 selectable 功能，将元素返回到它的预初始化状态。

调用 destroy()方法：

```
$( ".selector" ).selectable( "destroy" );
```

（2）disable() jQuery (plugin only)：禁用 selectable。

调用 disable()方法：

```
$( ".selector" ).selectable( "disable" );
```

（3）enable() jQuery (plugin only) 启用 selectable。

调用 enable()方法：

```
$( ".selector" ).selectable( "enable" );
```

（4）option(optionName) Object：获取当前与指定的 optionName 关联的值。

调用 option 方法：

```
var isDisabled = $( ".selector" ).selectable( "option", "disabled" );
```

（5）refresh() jQuery (plugin only)：更新每个选择项元素的位置和尺寸。当 autoRefresh 选项被设置为 false 时，该方法可用于手动重新计算每个选项的位置和尺寸。

调用 refresh()方法：

```
$( ".selector" ).selectable( "refresh" );
```

（6）widget() jQuery 返回一个包含 selectable 元素的 jQuery 对象。

调用 widget()方法：

```
var widget = $( ".selector" ).selectable( "widget" );
```

6.5.2 选择组件的应用

示例代码如下，文件名为“selectable_默认功能.html”。

```
<!DOCTYPE html PUBLIC "-//W3C//DTD XHTML 1.0 Transitional//EN"
"http://www.w3.org/TR/xhtml1/DTD/xhtml1-transitional.dtd">
<html xmlns="http://www.w3.org/1999/xhtml">
<head>
<meta http-equiv="Content-Type" content="text/html; charset=utf-8" />
<title>jQuery UI 选择（selectable） - 默认功能</title>
<script language="JavaScript" src="ui/jquery-1.10.2.js"></script>
<script type="text/JavaScript" src="ui/jquery.ui.core.js"></script>
<script type="text/JavaScript" src="ui/jquery.ui.widget.js"></script>
<script type="text/JavaScript" src="ui/jquery.ui.mouse.js"></script>
<script type="text/JavaScript" src="ui/jquery.ui.selectable.js"></script>
<link href="themes/jquery-ui.css" rel="stylesheet" type="text/css" />
<link href="themes/style.css" rel="stylesheet" type="text/css" />
<style>
#feedback {
  font-size: 1.4em;
}
#selectable .ui-selecting {
  background: #FECA40;
}
#selectable .ui-selected {
  background: #F39814;
  color: white;
}
#selectable {
  list-style-type: none;
  margin: 0;
  padding: 0;
  width: 60%;
}
#selectable li {
  margin: 3px;
  padding: 0.4em;
  font-size: 1.4em;
  height: 18px;
}
```

```
</style>
<script>
  $(function( ) {
     $("#selectable").selectable( );
  });
</script>
</head>
<body>
  <ol id="selectable">
     <li class="ui-widget-content">Item 1</li>
     <li class="ui-widget-content">Item 2</li>
     <li class="ui-widget-content">Item 3</li>
     <li class="ui-widget-content">Item 4</li>
     <li class="ui-widget-content">Item 5</li>
     <li class="ui-widget-content">Item 6</li>
     <li class="ui-widget-content">Item 7</li>
  </ol>
</body>
</html>
```

执行结果如图 6-5 所示。

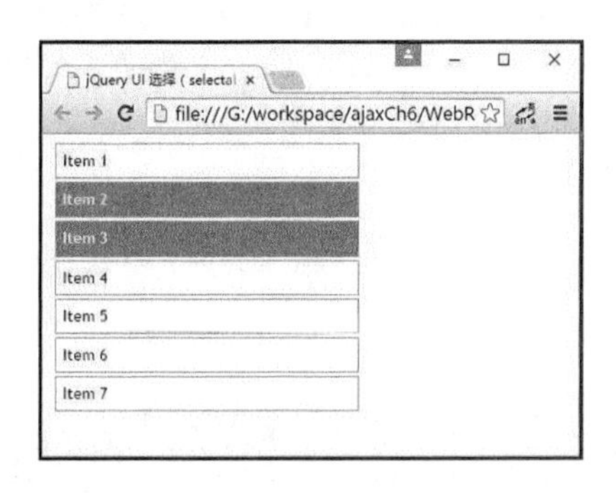

图 6-5　selectable 默认功能执行结果

选择组件演示

6.6　排序组件

排序（Sortable）组件可以将页面上的一组元素变成可排序的，可用于定义一个可排序的元素列表，然后，通过拖动鼠标可以调整元素在列表中的位置，其语法格式如下：

```
$('.selector').sortable(options);
```

6.6.1　排序组件的方法

1. 默认功能

（1）appendTo：当拖动时，通过鼠标移动的助手将需要排序的内容追加到那里（例如，解决 overlap/zIndex 问题），支持以下多个类型。

jQuery：一个 jQuery 对象，包含助手（helper）要追加到的元素。

Element：要追加助手（helper）的元素。

Selector：一个选择器，指定哪个元素要追加助手（helper）。

String：字符串"parent"将促使助手（helper）成为 sortable 项目的同级。

初始化带有指定 appendTo 选项的 sortable：

```
$( ".selector" ).sortable({ appendTo: document.body });
```

在初始化后，获取或设置 appendTo 选项：

```
// getter
var appendTo = $( ".selector" ).sortable( "option", "appendTo" );

// setter
$( ".selector" ).sortable( "option", "appendTo", document.body );
 "parent"
```

（2）axis：如果定义了该选项，项目只能在水平或垂直方向上被拖动，可能的值："x"、"y"。

初始化带有指定 axis 选项的 sortable：

```
$( ".selector" ).sortable({ axis: "x" });
```

在初始化后，获取或设置 axis 选项：

```
// getter
var axis = $( ".selector" ).sortable( "option", "axis" );
// setter
$( ".selector" ).sortable( "option", "axis", "x" );
 false
```

（3）cancel：防止从匹配选择器的元素上开始排序。

初始化带有指定 cancel 选项的 sortable：

```
$( ".selector" ).sortable({ cancel: "a,button" });
```

在初始化后，获取或设置 cancel 选项：

```
// getter
var cancel = $( ".selector" ).sortable( "option", "cancel" );
// setter
$( ".selector" ).sortable( "option", "cancel", "a,button" );
 "input, textarea, button, select, option"
```

（4）delay：鼠标按下后直到排序开始为止的时间，以毫秒计。该选项可以防止单击在某个元素上时不必要的拖动。

初始化带有指定 delay 选项的 sortable：

```
$( ".selector" ).sortable({ delay: 150 });
```

在初始化后，获取或设置 delay 选项：

```
// getter
```

```
var delay = $( ".selector" ).sortable( "option", "delay" );
// setter
$( ".selector" ).sortable( "option", "delay", 150 );
```

（5）disabled Boolean：如果设置为 true，则禁用该 sortable。

初始化带有指定 disabled 选项的 sortable：

```
$( ".selector" ).sortable({ disabled: true });
```

（6）distance Number：鼠标按下后排序开始前必须移动的距离，以像素计。如果指定了该选项，排序只有在鼠标拖动超出指定距离时才会开始。该选项可以用于允许在一个手柄内的元素上单击。

初始化带有指定 distance 选项的 sortable：

```
$( ".selector" ).sortable({ distance: 5 });
```

在初始化后，获取或设置 distance 选项：

```
// getter
var distance = $( ".selector" ).sortable( "option", "distance" );
// setter
$( ".selector" ).sortable( "option", "distance", 5 );
 //结果为 1
```

2. **常用方法**

（1）cancel( ) jQuery (plugin only)当前排序开始时，取消一个在当前 sortable 中的改变，且恢复到之前的状态。在 stop 和 receive 回调函数中非常有用。

调用 cancel( )方法：

```
$( ".selector" ).sortable( "cancel" );
```

（2）destroy( ) jQuery(plugin only)完全移除 sortable 功能。这会把元素返回到它的预初始化状态。该方法不接受任何参数。

调用 destroy( )方法：

```
$( ".selector" ).sortable( "destroy" );
```

6.6.2　排序组件的应用

在任意的 DOM 元素上启用 sortable 功能。通过鼠标单击并拖动元素到列表中的一个新的位置，其他条目会自动调整。默认情况下，sortable 各个条目共享 draggable 属性。

示例代码如下，文件名为“Sortable 默认功能.html”。

```
<!DOCTYPE html PUBLIC "-//W3C//DTD XHTML 1.0 Transitional//EN"
"http://www.w3.org/TR/xhtml1/DTD/xhtml1-transitional.dtd">
<html xmlns="http://www.w3.org/1999/xhtml">
<head>
<meta http-equiv="Content-Type" content="text/html; charset=utf-8" />
<title>jQuery UI 排序（Sortable）- 默认功能</title>
<script language="javascript" src="ui/jquery-1.10.2.js"></script>
```

```
    <script language="javascript" src="ui/jquery-ui.min.js"></script>
    <link href="themes/jquery-ui.css" rel="stylesheet" type="text/css" />
    <style>
    #sortable { list-style-type: none; margin: 0; padding: 0; width: 60%; }
    #sortable li { margin: 0 3px 3px 3px; padding: 0.4em; padding-left: 1.5em;
font-size: 1.4em; height: 18px; }
    #sortable li span { position: absolute; margin-left: -1.3em; }
    </style>
    <script>
    $(function( ) {
    $( "#sortable" ).sortable( );
    $( "#sortable" ).disableSelection( );
    });
    </script>
    </head>
    <body>
    <ul id="sortable">
    <li  class="ui-state-default"><span  class="ui-icon  ui-icon-arrowthick-
2-n-s"></span>Item 1</li>
    <li  class="ui-state-default"><span  class="ui-icon  ui-icon-arrowthick-
2-n-s"></span>Item 2</li>
    <li  class="ui-state-default"><span  class="ui-icon  ui-icon-arrowthick-
2-n-s"></span>Item 3</li>
    <li  class="ui-state-default"><span  class="ui-icon  ui-icon-arrowthick-
2-n-s"></span>Item 4</li>
    <li  class="ui-state-default"><span  class="ui-icon  ui-icon-arrowthick-
2-n-s"></span>Item 5</li>
    <li  class="ui-state-default"><span  class="ui-icon  ui-icon-arrowthick-
2-n-s"></span>Item 6</li>
    <li  class="ui-state-default"><span  class="ui-icon  ui-icon-arrowthick-
2-n-s"></span>Item 7</li>
    </ul>
    </body>
    </html>
```

执行结果如图 6-6 所示。

排序组件演示

图 6-6 默认功能执行结果

6.7 jQuery UI 组件的开发

6.7.1 选项卡

一种多面板的单内容区，每个面板与列表中的标题相关。

标签页（Tabs）通常用于把内容分成多个部分，以便节省空间，就像折叠面板（accordion）一样。标签页（Tabs）有一组必须使用的特定标记，以便标签页能正常工作。

标签页（Tabs）必须在一个有序的（<ol>）或无序的（<ul>）列表中。

每个标签页的“title”必须在一个列表项（<li>）的内部，且必须用一个带有 href 属性的锚（<a>）包裹。

每个标签页面板可以是任意有效的元素，但是它必须带有一个 id。

示例代码如下，文件名为“tabs.html”。

```
<!DOCTYPE html PUBLIC "-//W3C//DTD XHTML 1.0 Transitional//EN" "http://www.w3.org/TR/xhtml1/DTD/xhtml1-transitional.dtd">
<html xmlns="http://www.w3.org/1999/xhtml">
<head>
<meta http-equiv="Content-Type" content="text/html; charset=utf-8" />
<title>jQuery UI 选项卡（Tabs）功能</title>
<script language="javascript" src="ui/jquery-1.10.2.js"></script>
<script language="javascript" src="ui/jquery-ui.min.js"></script>
<link href="themes/jquery-ui.css" rel="stylesheet" type="text/css" />
<style>
#sortable { list-style-type: none; margin: 0; padding: 0; width: 60%; }
#sortable li { margin: 0 3px 3px 3px; padding: 0.4em; padding-left: 1.5em; font-size: 1.4em; height: 18px; }
#sortable li span { position: absolute; margin-left: -1.3em; }
</style>
<script>
$(function( ) {
```

```
$( "#tabs" ).tabs( );
});
</script>
</head>
<body>
<div id="tabs">
<ul>
<li><a href="#tabs-1">选项卡 1</a></li>
<li><a href="#tabs-2">选项卡 2</a></li>
<li><a href="#tabs-3">选项卡 3</a></li>
</ul>
<div id="tabs-1">
<p>选项卡 1  测试内容 1 </p>
</div>
<div id="tabs-2">
<p>选项卡 2  测试内容 2 </p>
</div>
<div id="tabs-3">
<p>选项卡 3  测试内容 3 </p>
</div>
</div>
</body>
</html>
```

执行结果如图 6-7 所示。

图 6-7　选项卡执行结果

6.7.2　对话框

1. 对话框的方法

jQuery UI Dialog 是 jQuery UI 的弹出对话框组件，使用它可以创建各种美观的弹出对话框；它可以用来设置对话框的标题、内容，并且使对话框可以拖动、调整大小及关闭；主要用来替代浏览器自带的 alert( )、confirm( )、open( )等方法。

jQuery UI Dialog 常用的参数如下：

- autoOpen：默认为 true，即 dialog 方法创建就显示对话框。
- modal：默认为 false，是否模态对话框，如果设置为 true 则会创建一个遮罩层将页面其他元素遮住。
- title：标题。
- draggable：是否可手动，默认为 true。
- resizable：是否可调整大小，默认为 true。
- width：宽度，默认为 300。
- height：高度，默认为"auto"。

- closeOnEscape：默认为 true，按 Esc 键关闭对话框。
- show：打开对话框的动画效果。
- hide：关闭对话框的动画效果。
- position：对话框显示的位置，默认为"center"，可以设置成字符串或数组。如'center'、'left'、'right'、'top'、'bottom' 。
- minWidth：默认为 150，最小宽度。
- minHeight：默认为 150，最小高度。

```
$("...").dialog({
    title: "标题",
    //...更多参数
});
```

Dialog 提供了一些方法来控制对话框，以下仅列出一些常用的方法。

- open：打开对话框。
- close：关闭对话框（通过 close 不会销毁，还能继续使用）。
- destroy：销毁对话框。
- option：设置参数，即前面列出的参数。

使用的时候作为 dialog 方法的参数。

```
var dlg = $("...").dialog({
    //...各种参数
});
dlg.dialog("option", { title: "标题" }); // 设置参数
dlg.dialog("open"); // 使用 open()方法打开对话框
```

Dialog 提供了一些事件，如打开、关闭对话框的时候做一些额外的事情。

- open：打开时。
- close：关闭时。
- create：创建时。
- resize：调整大小时。
- drag：拖动时。

使用方法同参数的使用方法，如在打开时隐藏关闭按钮。

```
$("...").dialog({
    //...各种参数
  open: function(event, ui) {
     $(".ui-dialog-titlebar-close", $(this).parent( )).hide( );
  }
});
```

2. 对话框的应用

1）默认功能

基本的对话框窗口是一个定位于视区中的覆盖层，同时通过一个 iframe 与页面内容分隔开（就像 select 元素）。它由一个标题栏和一个内容区域组成，且可以移动，调整尺寸，默

认可通过'x'图标关闭。

示例代码如下，文件名为“Dialog_默认功能.html”。

```
<!DOCTYPE html PUBLIC "-//W3C//DTD XHTML 1.0 Transitional//EN" "http://www.w3.org/TR/xhtml1/DTD/xhtml1-transitional.dtd">
<html xmlns="http://www.w3.org/1999/xhtml">
<head>
<meta http-equiv="Content-Type" content="text/html; charset=utf-8" />
<title>jQuery UI 对话框（Dialog） - 默认功能</title>
<script language="javascript" src="ui/jquery-1.10.2.js"></script>
<script language="javascript" src="ui/jquery-ui.min.js"></script>
<link href="themes/jquery-ui.css" rel="stylesheet" type="text/css" />
<script>
$(function( ) {
    $( "#dialog" ).dialog( );
});
</script>
</head>
<body>
<div id="dialog" title="基本的对话框">
<p>这是一个默认的对话框，用于显示信息。对话框窗口可以移动，调整尺寸，默认可通过 'x' 图标关闭。</p>
</div>
</body>
</html>
```

执行结果如图 6-8 所示。

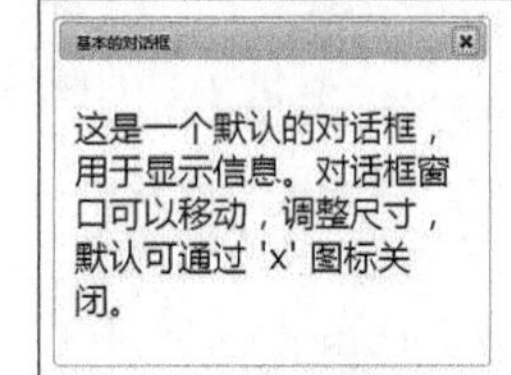

图 6-8　默认功能执行结果

（2）动画

可以通过为 show/hide 属性指定一个特效来动画显示对话框。用户必须为想使用的特效引用独立的特效文件。

```
<!doctype html>
<html lang="en">
<head>
<meta charset="utf-8">
<title>jQuery UI 对话框（Dialog） - 动画</title>
<link rel="stylesheet" href="//code.jquery.com/ui/1.10.4/themes/smoothness/jquery-ui.css">
<script src="//code.jquery.com/jquery-1.9.1.js"></script>
<script src="//code.jquery.com/ui/1.10.4/jquery-ui.js"></script>
<link rel="stylesheet" href="http://jqueryui.com/resources/demos/style.css">
```

```
<script>
  $(function( ) {
    $( "#dialog" ).dialog({
      autoOpen: false,
      show: {
        effect: "blind",
        duration: 1000
      },
      hide: {
        effect: "explode",
        duration: 1000
      }
    });

    $( "#opener" ).click(function( ) {
      $( "#dialog" ).dialog( "open" );
    });
  });
  </script>
</head>
<body>
<div id="dialog" title="Basic dialog">
<p>这是一个动画显示的对话框，用于显示信息。对话框窗口可以移动，调整尺寸，默认可通过 'x'
图标关闭。</p>
</div>
<button id="opener">打开对话框</button>
</body>
</html>
```

执行结果如图 6-9 所示。

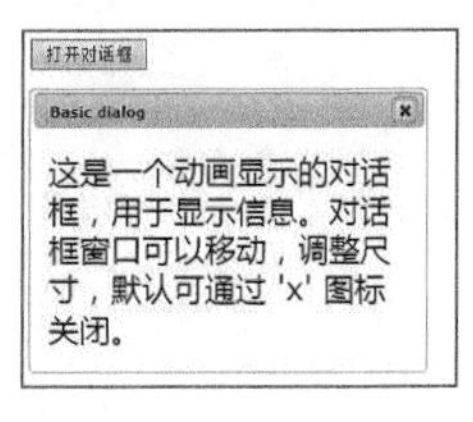

图 6-9　动画执行效果

对话框效果演示

6.7.3　日期选择器

1. 日期选择器的属性

日期选择器（Datepicker）是向页面中添加日期选择功能的高度可配置插件。用户可以自定义日期格式和语言，限制可选择的日期范围，添加按钮和其他导航选项。默认情况下，当相关的文本域获得焦点时，在一个小的覆盖层打开日期选择器。对于一个内联的日历，只需简单地将日期选择器附加到 div 或者 span 上即可。

当日期选择器打开时，以下键盘命令可用：

Page Up：移到上一个月。

Page Down：移到下一个月。

Ctrl+Page up：移到上一年。

Ctrl+Page down：移到下一年。

Ctrl+Home：移到当前月份。如果日期选择器是关闭的则打开。

Ctrl+Left：移到上一天。

Ctrl+Right：移到下一天。

Ctrl+Up：移到上一周。

Ctrl+Down：移到下一周。

Enter：选择聚焦的日期。

Ctrl+end：关闭日期选择器，并清除日期。

ESCAPE：关闭日期选择器，不做任何选择。

设置所有的日期选择器在获得焦点时或单击图标时打开。

```
$.datepicker.setDefaults({
  showOn: "both",
  buttonImageOnly: true,
  buttonImage: "calendar.gif",
  buttonText: "Calendar"
});
```

格式化日期为一个带有指定格式的字符串值。格式可以是下列组合：

d：一月中的第几天（没有前导零）。

dd：一月中的第几天（两位数）。

o：一年中的第几天（没有前导零）。

oo：一年中的第几天（三位数）。

D：天的短名称。

DD：天的长名称。

m：一年中的第几月（没有前导零）。

mm：一年中的第几月（两位数）。

M：月的短名称。

MM：月的长名称。

y：年（两位数）。

yy：年（四位数）。

2. 日期选择器的应用

日期选择器（Datepicker）绑定在一个标准的表单 input 字段上。把焦点移到 input 上（单击或者使用 Tab 键)，在一个小的覆盖层上打开一个交互日历。选择一个日期，单击页面上的任意地方(输入框即失去焦点)，或者使用 Esc 键关闭。如果选择了一个日期，则反馈显示为 input 的值。

示例代码如下，文件名为“Datepicker _默认功能.html”。

```
<!DOCTYPE html PUBLIC "-//W3C//DTD XHTML 1.0 Transitional//EN" "http://www.w3.org/TR/xhtml1/DTD/xhtml1-transitional.dtd">
<html xmlns="http://www.w3.org/1999/xhtml">
<head>
<meta http-equiv="Content-Type" content="text/html; charset=utf-8" />
<title>jQuery UI 日期选择器(Datepicker) - 默认功能</title>
<script language="javascript" src="ui/jquery-1.10.2.js"></script>
<script language="javascript" src="ui/jquery-ui.min.js"></script>
<link href="themes/jquery-ui.css" rel="stylesheet" type="text/css" />
<script>
$(function( ) {
    $( "#datepicker" ).datepicker( );
});
</script>
</head>
<body>
<p>日期: <input type="text" id="datepicker"></p>
</body>
</html>
```

执行结果如图 6-10 所示。

图 6-10 日期选择器默认功能

日期组件演示

小　结

本章讲解了 jQuery UI 库中提供的页面交互组件，如拖动组件，投放组件，缩放组件，选择组件和排序组件等，另外还讲解了 jQuery UI 的部件开发，即一些常用的页面组件封装类库，包括选择框、对话框、日期选择器。

习　题

1. 在页面设计 10 个城市的名称，然后对它们进行排序。
2. 设计一个页面如图 6-11 所示，在页面上单击超链接后能够出现如图 6-12 所示的效果。

图 6-11　页面运行前

图 6-12　运行后效果

第7章 基于 jQuery 的应用：电子相册系统

学习目标

了解：在 Spring 容器中部署 DAO 部件。

理解：使用 jQuery UI 对话框组件生成页面对话框，服务器端生成 JavaScript 更新 HTML 页面

掌握：使用 jQuery 的 POST 方法发送异步 POST 请求。

7.1 实现持久层

本章将示范开发一个简单的电子相册系统，浏览者可以注册成为本系统用户。注册用户可以选择上传相片并查看自己的相片，每个用户只能看到自己上传的相片。本系统将采用 jQuery 作为 Ajax 支持，主要使用 jQuery.post( )方法发送异步 POST 请求，而且让服务器返回 JavaScript 脚本直接更新浏览器中的 HTML 页面。

除此之外，还有一点值得注意，本系统解决了 Ajax 应用的防刷新问题。通常情况下，Ajax 应用使用浏览器的 JavaScript 来保持浏览状态，这将导致每当浏览器刷新页面时都会重置页面，之前的操作状态全部丢失。本应用改变了这种做法，将浏览器状态保存在 HttpSession 中，即使浏览者刷新页面，其浏览状态也不会丢失。当本系统的页面被加载完成时，JavaScript 将发送异步请求，请求将根据 HttpSession 中保存的浏览状态重新加载到当前页面。

本系统还使用了 jQuery UI 对话框。jQuery UI 对话框的用法非常简单，在本章后面的代码中会看到 jQuery UI 对话框的用法实例。

7.1.1 技术要点

本应用需要两个表，分别用于存放用户信息和相片信息。用户信息表里主要保存用户的用户名、密码等信息。对于一个实际使用的电子相册系统，可能还需要一些用户的详细资料、注册时间和最后访问时间等信息，但本实例不打算保存这些详细信息，这对于应用的实现没有影响。

本应用的相片表里则需要保存相片的标题、对应的文件名，以及该相片的属性。因此，用户表和相片表有主从表的关联关系，一个用户可对应多张相片。相片所对应的持久层代码如下：

```
public class Photo
{
```

```
    // 标识属性
    private Integer id;
    // 该相片的名称
    private String title;
    // 相片在服务器上的文件名
    private String fileName;
    // 保存该相片所属的用户
    private User user;

    // 无参数的构造器
    public Photo( )
    {
    }
    // 初始化全部成员变量的构造器
    public Photo(Integer id , String title
        , String fileName , User user)
    {
        this.id = id;
        this.title = title;
        this.fileName = fileName;
        this.user = user;
    }
  //省略所有属性的setter和getter方法
  …
```

上面的 Photo 类中包含了一个 Users 类型的属性，该属性指向另一个持久化类 User，从相片到用户是多对一的关联关系，因此每个 Photo 都可访问对应的 User 实例。上面的持久化类省略了其他普通属性的 setter 和 getter 方法。

用户对应的持久化类的代码如下：

```
  public class User
  {
    // 标识属性
    private Integer id;
    // 该用户的用户名
    private String name;
    // 该用户的密码
    private String pass;
    // 使用Set保存该用户关联的相片
    private Set<Photo> photos = new HashSet<Photo>( );
```

```
    // 无参数的构造器
    public User( )
    {
    }
    // 初始化全部成员变量的构造器
    public User(Integer id , String name , String pass)
    {
        this.id = id;
        this.name = name;
        this.pass = pass;
    }
  //省略其他属性的 setter 和 getter 方法
  ...
```

一个用户实例可以对应多个相片实例，因此用户持久化类里增加了一个 Set 属性，该属性用户保存当前用户关联的全部相片。上面的持久化类的代码省略了普通属性的 setter 和 getter 方法。

完成了上述持久化类的定义后，还应该增加 Hibernate 映射文件，Hibernate 需要映射文件才能表明持久化类和数据表、持久化类属性和数据列、持久化实例和数据记录之间的对应关系。一旦 Hibernate 表明了这种映射关系，程序就可通过持久化实例来操作底层数据库了。

下面是 Photo 实体对应的映射文件。

```
<?xml version="1.0" encoding="GBK"?>
<!DOCTYPE hibernate-mapping
PUBLIC "-//Hibernate/Hibernate Mapping DTD 3.0//EN"
"http://hibernate.sourceforge.net/hibernate-mapping-3.0.dtd">
<!-- Hibernate 映射文件的根元素 -->
<hibernate-mapping package="org.crazyit.album.domain">
<!-- 每个 class 元素映射一个持久化类 -->
<class name="Photo" table="photo_inf">
<id name="id" type="int" column="photo_id">
<!-- 指定主键生成器策略 -->
<generator class="identity"/>
</id>
<!-- 映射普通属性 -->
<property name="title" type="string"/>
<property name="fileName" type="string"/>
<!-- 映射和 User 实体的 N-1 关联 -->
<many-to-one name="user" column="owner_id"
class="User" not-null="true"/>
</class>
```

```
</hibernate-mapping>
```

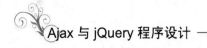

Photo 和 User 直接存在多对一的关联关系，所以上面的映射文件使用<mang-to-one.../>元素来映射这种关联关系。

下面是 User 的映射文件。

```
<?xml version="1.0" encoding="GBK"?>
<!DOCTYPE hibernate-mapping
PUBLIC "-//Hibernate/Hibernate Mapping DTD 3.0//EN"
"http://hibernate.sourceforge.net/hibernate-mapping-3.0.dtd">
<!-- Hibernate 映射文件的根元素 -->
<hibernate-mapping package="org.crazyit.album.domain">
<!-- 每个 class 元素映射一个持久化类 -->
<class name="User" table="user_inf">
<!-- 映射标识属性 -->
<id name="id" type="int" column="user_id">
<!-- 指定主键生成器策略 -->
<generator class="identity"/>
</id>
<!-- 映射普通属性 -->
<property name="name" type="string" unique="true"/>
<property name="pass" type="string"/>
<!-- 映射和 Photo 实体的 1-N 关联 -->
<set name="photos" inverse="true">
<key column="owner_id"/>
<one-to-many class="Photo"/>
</set>
</class>
</hibernate-mapping>
```

User 和 Photo 之间存在一对多的关联关系，因此上面的映射文件增加了<set.../>元素来映射 User 关联的多个 Photo 实体，并在<set.../>元素里使用<one-to-many.../>来映射 User 关联的 Photo 实体。

7.1.2　配置 SessionFactory

Hibernate 进行持久化操作需要两种 XML 文件：一种是进行数据访问的配置文件，用于指定 Hibernate 的全局属性，如连接数据库所用的驱动、URL、用户名和密码等；另一种是 Hibernate 的映射文件，用于定义持久化类和数据表之间的映射关系。

前面已经提供了 Java 类和数据表之间的对应关系，但连接数据库的全局属性，如数据库驱动、数据库服务的 URL、数据库用户名和密码等信息依然没有配置，这些通用的配置信息是通过配置 SessionFactory 来指定的。

本应用采用 Spring 管理应用的数据源、SessionFactory 等组件，因此程序可以直接在 Spring

配置文件中配置数据源、SessionFactory 等。下面是配置数据源、SessionFactory 的代码。

```
    <!-- 定义数据源 Bean，使用 C3P0 数据源实现
        并通过依赖注入设置数据库的驱动、URL、用户名、密码
        最大连接数、最小连接数、初始化连接数、最大空闲时间 -->
  <bean id="dataSource" class="com.mchange.v2.c3p0.ComboPooledDataSource"
        destroy-method="close"
        p:driverClass="com.mysql.jdbc.Driver"
        p:jdbcUrl="jdbc:mysql://localhost:3306/album"
        p:user="root"
        p:password="123456"
        p:maxPoolSize="200"
        p:minPoolSize="2"
        p:initialPoolSize="2"
        p:maxIdleTime="200"/>

  <!-- 定义 Hibernate 的 SessionFactory -->
  <bean id="sessionFactory"
class="org.springframework.orm.hibernate4.LocalSessionFactoryBean"
p:dataSource-ref="dataSource">
<!-- mappingResouces 属性用来列出全部映射文件 -->
<property name="mappingResources">
<list>
<!-- 以下用来列出 Hibernate 映射文件 -->
<value>org/crazyit/album/domain/User.hbm.xml</value>
<value>org/crazyit/album/domain/Photo.hbm.xml</value>
</list>
</property>
<!-- 定义 Hibernate 的 SessionFactory 的属性 -->
<property name="hibernateProperties">
<props>
<!-- 指定数据库方言 -->
<prop key="hibernate.dialect">
org.hibernate.dialect.MySQL5InnoDBDialect</prop>
<!-- 是否根据需要每次自动创建数据库 -->
<prop key="hibernate.hbm2ddl.auto">update</prop>
<!-- 显示 Hibernate 持久化操作所生成的 SQL -->
<prop key="hibernate.show_sql">true</prop>
<!-- 将 SQL 脚本进行格式化后再输出 -->
<prop key="hibernate.format_sql">true</prop>
```

```
</props>
</property>
</bean>
```

上面的配置文件配置了一个 sessionFactory Bean，配置该 Bean 时注入了前面配置的 dataSource。SessionFactory 是 Hibernate 进行持久化访问的根本，它是数据库编译后的内存镜像，SessionFactory 可产生 Session 对象，Hibernate 的持久化访问就是由 Session 来实现的。

7.1.3 开发通用 DAO 组件

本应用的持久层访问依然依赖于 DAO 组件，DAO 组件提供了数据库访问的能力，主要是对各自数据表的 CRUD 方法。

DAO 组件的实现依赖于 Hibernate4.1，为了简化项目底层的数据库访问，减少 DAO 组件的开发工作量，本例以及后面示例都会采用继承通用 DAO 组件的方式来开发 DAO 组件，通用 DAO 组件中提取了普通 DAO 组件必需的通用方法。

DAO 组件通常包括 DAO 接口和 DAO 接口的实现类两个部分。

通用的 DAO 组件，用于完成对应实体的 CRUD 操作，因此应该提供如下方法。

（1）根据主键查找实体，并根据对应的主键获取指定记录。

（2）保持实体，对应插入一条记录。

（3）修改实体，对应插入一条记录。

（4）根据主键删除，对应删除一条记录。

（5）根据实体删除，对应删除一条记录。

（6）查找全部，对应不带任何 where 子句的 select 语句。

除此之外，每个 DAO 组件还提供数量不等的查询方法，这些查询方法是根据系统业务需求确定的，并不完全相同。为了简化业务相关 DAO 组件的开发，在 DAO 组件基类中还可以提供几个 find()方法，用于根据不同 HQL 语句和不同请求参数进行查询（包括分页查询等）。

下面是通用 DAO 组件的接口。

```
public interface BaseDao<T>
{
    // 根据 ID 加载实体
    T get(Class<T> entityClazz , Serializable id);
    // 保存实体
    Serializable save(T entity);
    // 更新实体
    void update(T entity);
    // 删除实体
    void delete(T entity);
    // 根据 ID 删除实体
    void delete(Class<T> entityClazz , Serializable id);
    // 获取所有实体
    List<T> findAll(Class<T> entityClazz);
```

```
    // 获取实体总数
    long findCount(Class<T> entityClazz);
}
```

上面的 DAO 组件接口中定义了 7 个通用方法，这 7 个通用方法是所有 DAO 组件都应该提供的。

下面为通用 DAO 组件提供实现类。

```
public class BaseDaoHibernate4<T> implements BaseDao<T>
{
    // DAO 组件进行持久化操作底层依赖的 SessionFactory 组件
    private SessionFactory sessionFactory;
    // 依赖注入 SessionFactory 所需的 setter()方法
    public void setSessionFactory(SessionFactory sessionFactory)
    {
        this.sessionFactory = sessionFactory;
    }
    public SessionFactory getSessionFactory( )
    {
        return this.sessionFactory;
    }
    // 根据 ID 加载实体
    @SuppressWarnings("unchecked")
    public T get(Class<T> entityClazz , Serializable id)
    {
        return (T)getSessionFactory( ).getCurrentSession( )
            .get(entityClazz , id);
    }
    // 保存实体
    public Serializable save(T entity)
    {
        return getSessionFactory( ).getCurrentSession( )
            .save(entity);
    }
    // 更新实体
    public void update(T entity)
    {
        getSessionFactory( ).getCurrentSession( ).saveOrUpdate(entity);
    }
    // 删除实体
    public void delete(T entity)
```

```
{
   getSessionFactory( ).getCurrentSession( ).delete(entity);
}
// 根据 ID 删除实体
public void delete(Class<T> entityClazz , Serializable id)
{
   delete(get(entityClazz , id));
}
// 获取所有实体
@SuppressWarnings("unchecked")
public List<T> findAll(Class<T> entityClazz)
{
   return find("select en from "
      + entityClazz.getSimpleName( ) + " en");
}
// 获取实体总数
public long findCount(Class<T> entityClazz)
{
   List l=find("select count(*) from "
      + entityClazz.getSimpleName( ));
   // 查询得到的实体总数
   if(l!= null&&l.size( ) == 1 )
   {
      return (Long)l.get(0);
   }
   return 0;
}
// 根据 HQL 语句查询实体
@SuppressWarnings("unchecked")
protected List<T> find(String hql)
{
   return (List<T>)getSessionFactory( ).getCurrentSession( )
      .createQuery(hql)
      .list( );
}
// 根据带占位符参数的 HQL 语句查询实体
@SuppressWarnings("unchecked")
protected List<T> find(String hql , Object... params)
{
```

```
    // 创建查询
    Query query = getSessionFactory( ).getCurrentSession( )
       .createQuery(hql);
    // 为包含占位符的 HQL 语句设置参数
    for(int i = 0 , len = params.length ; i < len ; i++)
    {
       query.setParameter(i + "" , params[i]);
    }
    return (List<T>)query.list( );
}
/**
 * 使用 HQL 语句进行分页查询操作
 * @param HQL 需要查询的 HQL 语句
 * @param pageNo 查询第 pageNo 页的记录
 * @param pageSize 每页需要显示的记录数
 * @return 当前页的所有记录
 */
@SuppressWarnings("unchecked")
protected List<T> findByPage(String hql,
     int pageNo, int pageSize)
{
    // 创建查询
    return getSessionFactory( ).getCurrentSession( )
       .createQuery(hql)
       // 执行分页
       .setFirstResult((pageNo - 1) * pageSize)
       .setMaxResults(pageSize)
       .list( );
}
/**
 * 使用 hql 语句进行分页查询操作
 * @param hql 需要查询的 hql 语句
 * @param params 如果 hql 带占位符参数，params 用于传入占位符参数
 * @param pageNo 查询第 pageNo 页的记录
 * @param pageSize 每页需要显示的记录数
 * @return 当前页的所有记录
 */
@SuppressWarnings("unchecked")
protected List<T> findByPage(String hql , int pageNo, int pageSize
```

```
        , Object... params)
    {
        // 创建查询
        Query query = getSessionFactory( ).getCurrentSession( )
            .createQuery(hql);
        // 为包含占位符的 HQL 语句设置参数
        for(int i = 0 , len = params.length ; i < len ; i++)
        {
            query.setParameter(i + "" , params[i]);
        }
        // 执行分页，并返回查询结果
        return query.setFirstResult((pageNo - 1) * pageSize)
            .setMaxResults(pageSize)
            .list( );
    }
}
```

正如上面的代码所呈现的，通用 DAO 组件是一个高度可复用的组件，它不仅为上面的通用 DAO 接口的 7 个方法提供了实现，还增加了 2 个普通 find( )方法和 2 个 findByPage( )方法，这 4 个方法给业务 DAO 组件提供了支撑。当业务 DAO 组件需要进行业务相关查询时，只要调用相应的 find( )或 findByPage( )方法，并传入 HQL 语句或查询参数即可。

DAO 接口只定义 DAO 组件应该包含哪些方法，而不会对这些方法提供实现。使用 DAO 接口的主要目的是为了实现更好地解耦。UserDao 接口的代码如下：

```
public interface UserDao extends BaseDao<User>
{
    /**
     * 根据用户名查找用户
     * @param name 需要查找的用户的用户名
     * @return 查找到的用户
     */
    User findByName(String name);
}
```

PhotoDao 接口的代码如下：

```
public interface PhotoDao extends BaseDao<Photo>
{
    //以常量控制每页显示的相片数
    final int PAGE_SIZE = 3;
    /**
     * 查询属于指定用户的相片，且进行分页控制
     * @param user 查询相片所属的用户
```

```
     * @param pageNo 需要查询的指定页
     * @return 查询到的相片
     */
    List<Photo> findByUser(User user , int pageNo);
}
```

这些接口定义了 DAO 组件应该实现的方法，但没有给出具体的实现，具体的实现依赖于 DAO 接口的实现类。

从表面上看，上面的两个 DAO 接口都只包含了一个方法，但由于这两个 DAO 接口都继承了 BaseDao 接口，因此实际上每个 DAO 接口都包含了 8 个方法——那些基本的增、删、改、查方法都已经由通用 DAO 组件提供了。

7.1.4 完成 DAO 组件的实现类

DAO 组件的实现依赖于 Hibernate 框架，并借助于前面开发的通用 DAO 组件基类。该通用 DAO 组件类需要注入一个 SessionFactory 的引用，一旦获得了 SessionFactory 引用，通用 DAO 组件即可完成所有的持久化操作。

（1）对于基本的增、删、改、查操作，通用 DAO 组件已经提供了实现。

（2）对于其他业务相关的查询方法，只要通过调用 DAO 组件所提供的 find( )或 findByPage( ) 方法即可。

下面是 UserDao 组件的实现类代码。

```
public class UserDaoHibernate extends BaseDaoHibernate4<User>
    implements UserDao
{
    /**
     * 根据用户名查找用户
     * @param name 需要查找的用户的用户名
     * @return 查找到的用户
     */
    public User findByName(String name)
    {
        List<User> users = find("select u from User u where u.name = ?0"
            , name);
        if(users != null && users.size( ) == 1)
        {
            return users.get(0);
        }
        return null;
    }
}
```

下面是 PhotoDao 组件的实现类代码。

```
public class PhotoDaoHibernate extends BaseDaoHibernate4<Photo>
  implements PhotoDao
{
  /**
   * 查询属于指定用户的相片，且进行分页控制
   * @param user 查询相片所属的用户
   * @param pageNo 需要查询的指定页
   * @return 查询到的相片
   */
  public List<Photo> findByUser(User user , int pageNo)
  {
      //返回分页查询的结果
      return (List<Photo>)findByPage("select b from Photo b where "+ "b.user
= ?0" , pageNo , PAGE_SIZE , user);
  }
}
```

前面已经提到，上面的 DAO 组件都继承了 BaseDaoHibernate，因此必须为这些 DAO 组件注入 SessionFactory。Spring 为这种注入提供了方便，前面已经在 Spring 配置文件中配置了 SessionFactory，现在只需要在配置 DAO 组件时将 SessionFactory 注入 DAO 组件即可。下面是配置 DAO 组件的配置片段。

```
<!-- 配置 userDao 组件
    为 userDao 组件注入 SessionFactory 实例 -->
  <bean id="userDao"
    class="org.crazyit.album.dao.impl.UserDaoHibernate"
    p:sessionFactory-ref="sessionFactory"/>
  <!-- 配置 photoDao 组件
    为 photoDao 组件注入 SessionFactory 实例 -->
  <bean id="photoDao"
    class="org.crazyit.album.dao.impl.PhotoDaoHibernate"
    p:sessionFactory-ref="sessionFactory"/>
```

7.2 实现业务逻辑层

7.2.1 实现业务逻辑层接口

业务逻辑组件依赖于底层的 DAO 组件，由 DAO 组件负责提供持久化访问功能，而业务逻辑组件则专注于提供业务逻辑功能。

考虑到本应用的实际情况，客户端 JavaScript 代码需要访问如下几个方法。

- 处理用户登录：根据用户名和密码验证用户登录是否成功。

- 注册用户：增加一个新的系统用户。
- 增加相片：为特定的用户增加对应的相片。
- 通过用户获得指定页的所有相片。
- 验证某个用户名是否可用。

本系统的业务逻辑组件同样由接口和实现类两部分组成，不过业务逻辑组件的接口仅仅定义了上面 5 个方法，代码非常简单，故此处不再给出业务逻辑接口代码。

为了利用 Spring 的依赖注入将 DAO 组件注入业务逻辑组件，业务逻辑组件实现类应该为所依赖的 DAO 组件提供对应的 setter()方法，然后依赖于这些 DAO 组件来实现业务逻辑方法。下面是本系统中业务逻辑组件实现类的代码。

```
public class AlbumServiceImpl implements AlbumService
{
  //业务逻辑组件所依赖的 2 个 DAO 组件
  private UserDao ud = null;
  private PhotoDao  pd = null;
  //依赖注入 2 个 DAO 组件所需的 setter 方法
  public void setUserDao(UserDao ud)
  {
     this.ud = ud;
  }
  public void setPhotoDao(PhotoDao pd)
  {
     this.pd = pd;
  }
  /**
   * 验证用户登录是否成功
   * @param name 登录的用户名
   * @param pass 登录的密码
   * @return 用户登录的结果，成功则返回 true，否则返回 false
   */
  public boolean userLogin(String name , String pass)
  {
     try
     {
        //使用 UserDao 根据用户名查询用户
        User u = ud.findByName(name);
        if(u != null && u.getPass( ).equals(pass))
        {
           return true;
        }
```

```
        return false;
    }
    catch(Exception ex)
    {
        ex.printStackTrace( );
        throw new AlbumException("处理用户登录出现异常! ");
    }
}
/**
 * 注册新用户
 * @param name 新注册用户的用户名
 * @param pass 新注册用户的密码
 * @return 新注册用户的主键
 */
public int registUser(String name , String pass)
{
    try
    {
        //创建一个新的User实例
        User u = new User( );
        u.setName(name);
        u.setPass(pass);
        //持久化User对象
        ud.save(u);
        return u.getId( );
    }
    catch(Exception ex)
    {
        ex.printStackTrace( );
        throw new AlbumException("新用户注册出现异常! ");
    }
}
/**
 * 添加照片
 * @param user 添加相片的用户
 * @param title 添加相片的标题
 * @param fileName 新增相片在服务器上的文件名
 * @return 新添加相片的主键
 */
```

```
public int addPhoto(String user , String title  , String fileName)
{
   try
   {
      //创建一个新的 Photo 实例
      Photo p = new Photo( );
      p.setTitle(title);
      p.setFileName(fileName);
      p.setUser(ud.findByName(user));
      //持久化 Photo 实例
      pd.save(p);
      return p.getId( );
   }
   catch(Exception ex)
   {
      ex.printStackTrace( );
      throw new AlbumException("添加相片过程中出现异常！");
   }
}
/**
 * 根据用户获得该用户的所有相片
 * @param user 当前用户
 * @param pageNo 页码
 * @return 返回属于该用户、指定页的相片
 */
public List<PhotoHolder> getPhotoByUser(String user , int pageNo)
{
   try
   {
      List<Photo> pl = pd.findByUser(ud.findByName(user) , pageNo);
      List<PhotoHolder> result = new ArrayList<PhotoHolder>( );
      for (Photo p : pl )
      {
         result.add(new PhotoHolder(p.getTitle( ) , p.getFileName( )));
      }
      return result;
   }
   catch(Exception ex)
   {
```

```
            ex.printStackTrace( );
            throw new AlbumException("查询相片列表的过程中出现异常！");
        }
    /**
     * 验证用户名是否可用，即数据库里是否已经存在该用户名
     * @param name 需要校验的用户名
     * @return 如果该用户名可用，则返回 true，否则返回 false
     */
    public boolean validateName(String name)
    {
        try
        {
            //根据用户名查询对应的 User 实例
            User u = ud.findByName(name);
            if(u != null)
            {
                return false;
            }
            return true;
        }
        catch(Exception ex)
        {
            ex.printStackTrace( );
            throw new AlbumException("验证用户名是否存在的过程中出现异常！");
        }
    }
}
```

从上面的程序可以看出，业务逻辑组件在返回Photo时并未直接返回Photo持久化类实例，因为根据 Java EE 规范，处于底层的 PO 实例不应该传到表现层。为了将相应的数据传到表现层，系统提供了一个简单的 VO 类（值对象），这个 VO 封装了 Photo 的基本信息。

7.2.2 配置业务逻辑层组件

到目前为止，已经完成了业务逻辑组件的实现，接下来应将业务逻辑组件配置在 Spring 容器中，让 Spring 的 AOP 机制为其提供声明式的事物管理，并由 Spring 为其注入 DAO 组件。

下面是 Spring 配置文件中配置业务逻辑组件并提供声明式事物管理的配置代码。

```
<!-- 配置 albumService 业务逻辑组件
  为业务逻辑组件注入 2 个 DAO 组件 -->
<bean id="albumService"
```

```
    class="org.crazyit.album.service.impl.AlbumServiceImpl"
    p:userDao-ref="userDao"
    p:photoDao-ref="photoDao"/>
  <!-- 配置 Hibernate 的局部事务管理器，使用 HibernateTransactionManager 类 -->
  <!-- 该类实现 PlatformTransactionManager 接口，是针对 Hibernate 的特定实现-->
  <!-- 配置 HibernateTransactionManager 时需要依注入 SessionFactory 的引用 -->
  <bean id="transactionManager"
    class="org.springframework.orm.hibernate4.HibernateTransactionManager"
    p:sessionFactory-ref="sessionFactory"/>
  <!-- 配置事务切面 Bean,指定事务管理器 -->
  <tx:advice id="txAdvice" transaction-manager="transactionManager">
    <!-- 用于配置详细的事务语义 -->
    <tx:attributes>
    <!-- 所有以'get'开头的方法是 read-only 的 -->
    <tx:method name="get*" read-only="true"/>
    <!-- 其他方法使用默认的事务设置 -->
    <tx:method name="*"/>
    </tx:attributes>
  </tx:advice>
  <aop:config>
    <!-- 配置一个切入点，匹配指定包下所有以 Impl 结尾的类执行的所有方法 -->
    <aop:pointcut id="leeService"
    expression="execution(* org.crazyit.album.service.impl.*Impl.*(..))"/>
    <!-- 指定在 leeService 切入点应用 txAdvice 事务切面 -->
    <aop:advisor advice-ref="txAdvice"
    pointcut-ref="leeService"/>
  </aop:config>
```

上面的配置文件中配置了 Hibernate 的局部事物管理器 transactionManager,然后以该事务管理器为基础配置了一个事务切面 Bean,最后在<aop:config.../>元素中指定当所有业务逻辑方法被调用时，该事务切面 Bean 都将起作用，这样就为所有业务逻辑方法都增加了事务控制。

7.3　实现客户端调用

本系统客户端将依托 jQuery 的异步请求功能来提供 Ajax 支持，而服务器响应则返回一段 JavaScript 脚本，JavaScript 脚本将动态更新浏览者当前的 HTML 页面。本系统使用 Servlet 为异步请求提供响应，Servlet 则主动调用 Spring 容器中的业务逻辑组件来提供服务。

7.3.1　访问业务逻辑层组件

本应用的所有业务逻辑组件都部署在 Spring 容器中，因此必须先初始化 Spring 容器才能访问业务逻辑组件。为了让 Spring 容器随 Web 应用的启动而初始化，在 Web 应用的 web.xml 文件中增加<listener.../>元素来配置 Listener。

下面是 web.xml 文件中增加的内容。

```
<!-- 配置Web应用启动时加载Spring容器 -->
<listener>
<listener-class>org.springframework.web.context.ContextLoaderListener
</listener-class>
</listener>
```

上面的 ContextLoaderListener 将在 Web 应用启动时自动初始化 Spring 容器，该 Listener 将会自动加载 Web 应用的 WEB-INF 路径下的 applicationContext.xml 文件。

Web应用初始化Spring容器完成后，Web应用中的Servlet可通过WebApplicationContextUtils 工具类来获取 Spring 容器。为了让所有 Servlet 更好地访问 Spring 容器，程序提供了如下 Servlet 基类。

```
public class BaseServlet extends HttpServlet
{
  protected AlbumService as;
  // 定义初始化方法，获得Spring容器的引用
  public void init(ServletConfig config)
     throws ServletException
  {
     super.init(config);
     ApplicationContext ctx = WebApplicationContextUtils
        .getWebApplicationContext(getServletContext( ));
     as = (AlbumService)ctx.getBean("albumService");
  }
}
```

上面的 BaseServlet 中包含了一个 as 实例属性，BaseServlet 的 init( )方法负责初始化该 as 属性。初始化后的 as 属性就是 Spring 容器中的 albumService Bean，这样就使得 BeseServlet 的子类可直接通过 as 属性来访问 Spring 容器中的 albumService Bean，从而调用该 Bean 里定义的业务逻辑方法。

系统整体演示效果

7.3.2 处理用户登录

当用户以未登录状态浏览该系统时，将看到系统首页显示了两个单行文本框，输入用户名和密码。图 7-1 显示了用户未登录的界面。

浏览者在用户名、密码输入框中输入登录的用户名和密码，然后单击“登录”按钮，将触发 JavaScript 发送异步 POST 请求。下面是发送请求的 JavaScript 函数代码。

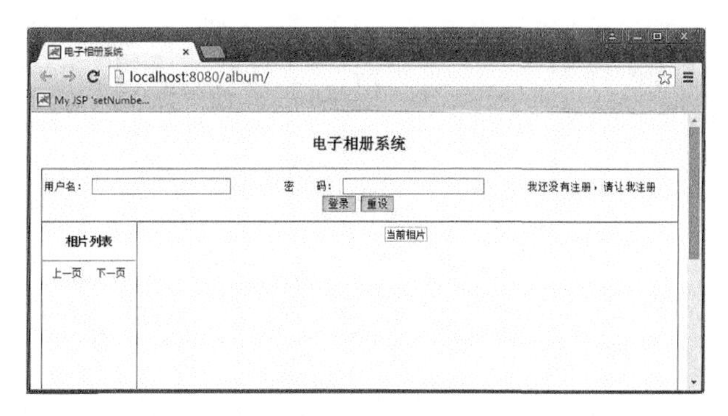

图 7-1　未登录的界面

```
// 处理用户登录的函数
function proLogin( )
{
  // 获取 user、pass 两个文本框的值
  var user=$.trim($("#user").val( ));
  var pass=$.trim($("#pass").val( ));
  if(user==null||user==""
     || pass==null||pass=="")
  {
     alert("必须先输入用户名和密码才能登录");
     return false;
  }
  else
  {
     // 向 proLogin 发送异步、POST 请求
     $.post("proLogin", $('#user,#pass').serializeArray( )
        , null , "script");
  }
}
```

上述登录页面中并未指定回调函数，但指定了服务器响应时的 JavaScript 脚本，这样就可以使用服务器响应脚本动态来更新当前 HTML 页面了。

上面的异步请求是向 proLogin Servlet 发送的，该 Servlet 将调用业务逻辑组件的 userLogin( ) 方法来处理用户请求，并直接生成 JavaScript 脚本来更新 HMTL 页面。下面是该 Servlet 的代码。

```
public class ProLoginServlet extends BaseServlet
{
  public void service(HttpServletRequest request
     , HttpServletResponse response)throws IOException,ServletException
  {
     String name = request.getParameter("user");
```

```
        String pass = request.getParameter("pass");
        response.setContentType("text/JavaScript;charset=gbk");
        // 获取输出流
        PrintWriter out = response.getWriter( );
        try
        {
            // 清空 ID 为 user、pass 输入框的内容
            out.println("$('#user,#pass').val('');");
            if(name != null && pass != null
                && as.userLogin(name , pass))
            {
                HttpSession session = request.getSession(true);
                session.setAttribute("curUser" , name);
                out.println("alert('您已经登录成功! ')");
                out.println("$('#noLogin').hide(500)");
                out.println("$('#hasLogin').show(500)");
                // 调用获取相片列表的方法
                out.println("onLoadHandler( );");
            }
            else
            {
                out.println("alert('您输入的用户名、密码不符，请重试! ')");
            }
        }
        catch(AlbumException ex)
        {
            out.println("alert('" + ex.getMessage( )
                + "请更换用户名、密码重试! ')");
        }
    }}
```

上面的 Servlet 的粗体字代码指定了服务器响应时 text/JavaScript，这表明服务器的响应是 JavaScript 脚本而不是 HTML 代码。

上述 Servlet 使用 JavaScript 代码隐藏了 id 为 noLogin 的元素，并显示了 id 为 hasLogin 的元素，这样使得用户不再看到用户名、密码输入框，而是看到登录后的操作菜单。

用户登录成功后，JavaScript 再次调用 onLoadHandler( )方法，该方法负责获取当前用户指定页的相片列表。

用户一旦登录成功，页面上方的登录面板将隐藏，用户的控制面板将代替原来的登录面板，并在左边的相片列表框中列出当前用户的所有相片。相片框中的每个相片名都有对应的 JavaScript 处理函数，单击相片名，将显示出对应的相片。

如果用户输入了正确的用户名和密码，则单击“登录”按钮后，将可看到如图 7-2 所示的提示框。

用户一旦登录成功，系统就将自动加载当前用户的所有相片，并在页面左边列出。图 7-3 显示了用户登录成功后的界面。

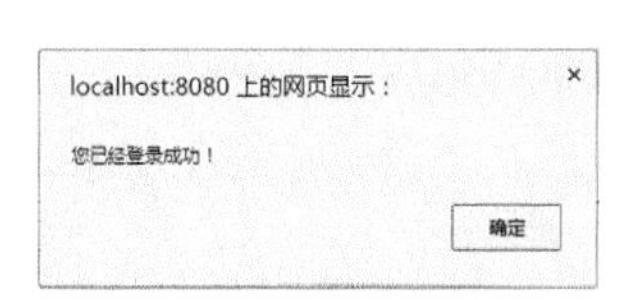

图 7-2 登录成功提示框

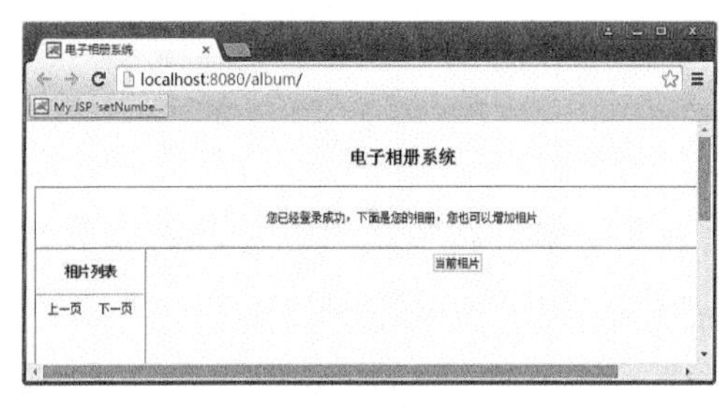

图 7-3 登录成功界面

用户注册和用户登录基本相似，单击如图 7-1 所示页面中的“我还没有注册，请让我注册”链接，页面中将会显示“注册”按钮，单击“注册”按钮将触发 regist()函数，该函数负责向服务器发送异步 POST 请求，进而完成用户注册。由于用户注册、用户登录的处理流程基本相似，此处不再赘述。

本示例将用户的登录状态保持在 HttpSession 中，并在页面加载时读取 HttSession 状态，这样可以避免用户刷新页面时丢失浏览状态。

7.3.3 获得用户相片列表

用户相片列表的获得由函数 onLoadHandle( )来完成，该函数将通过 Servlet 调用 AlbumService 组件的 getPhotoByUser( )方法来获取相片列表。由于系统需要不断获取最新的相片列表，所以 JavaScript 代码将周期性地调用 onLoadHandle( )方法，下面是 onLoadHandle( ) 函数的代码。

```
// 周期性地获取当前用户、当前页的相片
function onLoadHandler( )
{
  // 向 getPhoto 发送异步 GET 请求
  $.getScript("getPhoto");
  // 指定 1 秒之后再次执行此方法
  setTimeout("onLoadHandler( )", 1000);
}
```

上面的 onLoadHandle()函数向 getPhoto 发送异步 GET 请求，发送请求时未指定回调函数，而是直接让服务器生成的 JavaScript 脚本动态更新当前视图页面。下面是 getPhoto Servlet 的代码。

```
public class GetPhotoServlet extends BaseServlet
{
  public void service(HttpServletRequest request, HttpServletResponse
response)throws IOException,ServletException
```

```
    {
        HttpSession session = request.getSession(true);
        // 从 HttpSession 中获取系统当前用户、相片列表的当前页码
        String name = (String)session.getAttribute("curUser");
        Object pageObj = session.getAttribute("curPage");
        // 如果 HttpSession 中的 curPage 为 null，则设置当前页为第一页
        int curPage = pageObj == null ? 1 :(Integer) pageObj;
        response.setContentType("text/JavaScript;charset=gbk");
        // 获取输出流
        PrintWriter out = response.getWriter( );
        try
        {
            List<PhotoHolder> photos = as.getPhotoByUser(name , curPage);
            // 清空 ID 为 list 的元素
            out.println("var list = $('#list').empty( );");
            for(PhotoHolder ph : photos)
            {
                // 将每个相片动态添加到 ID 为 list 的元素中
                out.println("list.append(\"<div align='center'>\" +
                    "<a href='JavaScript:void(0)' onclick=\\\"showImg('"
                    + ph.getFileName( ) + "');\\\">"
                    + ph.getTitle( ) + "</a></div>\");");
            }
        }
        catch(AlbumException ex)
        {
            out.println("alert('" + ex.getMessage( ) + "请重试！')");
        }
    }
}
```

从上面的代码中可以看出，该 Servlet 将会从 HttpSession 中读取 curUse 和 curPage 两个属性。其中，curPage 属性记录了浏览者的浏览状态以及当前正在浏览哪一页，如果无法读到 curPage 属性，则系统默认加载第一页。从这个设计可以看出，本系统将用户正在浏览页面的状态保存在服务器端，而不是在浏览器中，就保证了即使用户刷新当前页面，其浏览状态也不会丢失。

将正在浏览的页码保存在服务器端还有一个好处：当系统需要进行翻页时，只用修改 HttpSession 中的 curPage 属性即可，无须进行额外处理。

onLoadHandle( )函数是个周期性执行的函数，它会周期性地向服务器发送异步 GET 请求。该函数在如下时候会获得执行机会。

- 用户登录成功后。
- 用户注册成功后。
- 页面加载完成时。

一旦 onLoadHandler( )函数执行起来，它就将每隔 1 秒执行一次，不断获取最新的相片列表。

7.3.4 处理翻页

正如前面提到的，系统处理翻页操作比较简单，因为用户正在浏览的页码保存在 HttpSession 中，因此处理翻页只用修改 HttpSession 中的 curPage 属性即可。

当用户单击如图 7-3 所示页面左边的“上一页”“下一页”链接时，系统将会触发翻页请求。翻页请求由如下 JavaScript 函数发送。

```
// 处理翻页的函数
function turnPage(flag)
{
  $.getScript("turnPage?turn=" + flag);
}
```

处理翻页的 Servlet 是 turnPage，该 Servlet 类代码如下：

```
public class TurnPageServlet extends BaseServlet
{
  public void service(HttpServletRequest request
     , HttpServletResponse response)throws IOException,ServletException
  {
     String turn = request.getParameter("turn");
     HttpSession session = request.getSession(true);
     String name = (String)session.getAttribute("curUser");
     Object pageObj = session.getAttribute("curPage");
     // 如果 HttpSession 中的 curPage 为 null，则设置当前页为第一页
     int curPage = pageObj == null ? 1 :(Integer) pageObj;
     response.setContentType("text/JavaScript;charset=gbk");
     PrintWriter out = response.getWriter( );
     if(curPage == 1 && turn.equals("-1"))
     {
        out.println("alert('现在已经是第一页，无法向前翻页！')");
     }
     else
     {
        // 执行翻页，修改 curPage 的值
        curPage += Integer.parseInt(turn);
        try
```

```
            {
                List<PhotoHolder> photos = as.getPhotoByUser(name , curPage);
                // 翻页后没有记录
                if(photos.size( ) == 0)
                {
                    out.println("alert('翻页后找不到任何相片记录，"
                        + "系统将自动返回上一页')");
                    // 重新返回上一页
                    curPage -= Integer.parseInt(turn);
                }
                else
                {
                    // 把用户正在浏览的页码放入 HttpSession 中
                    session.setAttribute("curPage" , curPage);
                }
            }
            catch(AlbumException ex)
            {
                out.println("alert('" + ex.getMessage( ) + "请重试! ')");
            }
        }
    }
}
```

从上面的代码中可以看出，程序仅仅修改了 HttpSession 里 curPage 的属性值，程序将根据 turn 参数来决定向前翻页或向后翻页。当 turn 变量的值是 1 时，系统将执行向前翻页；当 turn 变量的值是-1 时，系统将执行向后翻页。

7.3.5 实现图片上传

Ajax 技术可以很方便地实现无刷新的文件上传。实际上，这里存在一个障碍：根据安全性需要，JavaScript 代码不能访问客户端文件系统。借助 Internet Explorer 中的 FSO（File System Object）对象，JavaScript 可以访问浏览者的文件系统，但这种访问局限性太大，这种访问必须要得到用户的同意，如果 JavaScript 不能访问用户文件系统，那么 XMLHttpRequest 的请求参数就无法获得上传文件的文件内容，而只能获得上传文件的文件名。

XMLHttpRequest 只能将需要上传的文件名发送到服务器，但服务器获得该文件名没有任何意义，因为服务器依然不能访问客户端的文件系统，这就是通过 Ajax 技术实现无刷新的文件上传的最大障碍。

本系统使用 jQuery UI 对话框来进行文件的上传，上传成功后，将自动返回系统主界面。当用户单击如图 7-3 所示窗口中的增加相片链接时，将会触发如下 JavaScript 函数。

```
// 打开上传窗口
```

```
function openUpload( )
{
  $("#uploadDiv").show( )
     .dialog(
     {
        modal: true,
        title: '上传照片',
        resizable: false,
        width: 428,
        height: 220,
        overlay: {opacity: 0.5 , background: "black"}
     });
}
```

上面的函数调用了 jQuery UI 的 dialog( )方法，该方法将会在当前页面打开一个对话框，单击增加相片链接将会看到如图 7-4 所示对话框。

用户单击如图 7-4 所示对话框中的“上传”按钮后，页面将发送同步 POST 请求，请求将被提交到 proUpload Servlet，该 Servlet 负责处理文件的上传并调用 AlbumService 的方法添加相片。

需要指出的是，由于此处将会采用同步方式来上传相片，但又不希望页面被刷新，因此可以在页面上增加一个隐藏的<iframe.../>元素，该隐藏的<iframe.../>元素将会作为提交该表单的 target。

图 7-4　上传图片的对话框

下面是上传图片对话框所使用的表单代码。

```
<div id="uploadDiv" title="上传图片" style="display:none">
<form action="proUpload" method="post"
enctype="multipart/form-data"
target="hideframe">
<table width="400" border="0" cellspacing="1" cellpadding="10">
<tr>
<td height="25">图片标题：</td>
<td><input id="title" name="title" type="text" /></td>
</tr>
<tr>
<td height="25">浏览图片：</td>
<td><input id="file" name="file" type="file" /></td>
</tr>
```

```
<tr>
<td colspan="2" align="center">
<input type="submit" value="上传" />
<input type="reset" value="重设" />
</td>
</tr>
</table>
</form>
</div>
<iframe name="hideframe" style="display:none"></iframe>
```

从上面的代码中可以看到，将表单的 target 属性设为了 hideframe，而页面上则额外定义了一个隐藏的 hideframe，这表明该表单提交后只是更新 hideframe，而不会更新整个页面。

上传还使用了另一个开源项目——commons-fileupload。应该将 commons-fileupload.jar 文件添加到 WEB-INF/lib 路径下。下面是处理上传的 Servlet 的代码。

```
public class ProUploadServlet extends BaseServlet
{
  public void service(HttpServletRequest request ,
  HttpServletResponse response) throws IOException,ServletException
  {
     Iterator iter = null;
     String title = null;
     response.setContentType("text/html;charset=gbk");
     // 获取输出流
     PrintWriter out = response.getWriter( );
     try
     {
        // 使用 Uploader 处理上传
        FileItemFactory factory = new DiskFileItemFactory( );
        ServletFileUpload upload = new ServletFileUpload(factory);
        List items = upload.parseRequest(request);
        iter = items.iterator( );
        // 遍历每个表单控件对应的内容
        while (iter.hasNext( ))
        {
           FileItem item = (FileItem)iter.next( );
           // 如果该项是普通表单域
           if(item.isFormField( ))
           {
              String name = item.getFieldName( );
              if (name.equals("title"))
```

```
        {
            title = item.getString("gbk");
        }
    }
    // 如果是需要上传的文件
    else
    {
        String user = (String)request.getSession( )
            .getAttribute("curUser");
        String serverFileName = null;
        // 返回文件名
        String fileName = item.getName( );
        // 取得文件后缀
        String suffix = fileName.substring(
            fileName.lastIndexOf("."));
        // 返回文件类型
        String contentType = item.getContentType( );
        // 只允许上传 jpg、gif、png 图片
        if(contentType.equals("image/pjpeg")
            || contentType.equals("image/gif")
            || contentType.equals("image/jpeg")
            || contentType.equals("image/png"))
        {
            InputStream input = item.getInputStream( );
            serverFileName =  UUID.randomUUID( ).toString( );
            FileOutputStream output = new FileOutputStream(
                getServletContext( ).getRealPath("/")
                + "uploadfiles\\" + serverFileName + suffix);
            byte[] buffer = new byte[1024];
            int len = 0;
            while((len = input.read(buffer)) > 0 )
            {
                output.write(buffer , 0 , len);
            }
            input.close( );
            output.close( );
            as.addPhoto(user , title , serverFileName + suffix);
            out.write("<script type='text/JavaScript'>"
                + "parent.callback('恭喜你，文件上传成功！')"
                + "</script>");
        }
        else
```

```
                {
                    out.write("<script type='text/JavaScript'>"
                        + "parent.callback('本系统只允许上传"
                        + "JPG、GIF、PNG图片文件，请重试！')</script>");
                }
            }
        }
    }
    catch (FileUploadException fue)
    {
        fue.printStackTrace( );
        out.write("<script type='text/JavaScript'>"
            + "parent.callback('处理上传文件出现错误，请重试！')"
            + "</script>");
    }
    catch(AlbumException ex)
    {
        ex.printStackTrace( );
    }
  }
}
```

上面的程序中第一行粗体字代码调用 as 的 addPhoto( )方法添加了一个新的相片，程序中 Servlet 在处理完用户上传请求后直接调用了 parent.callback( )函数来生成响应，也就是说该 Servlet 并未真正生成任何响应，它在处理完图片上传后，会回调隐藏<iframe.../>所在页面的 callback( )函数。

album.html 页面中需要定义 callback( )函数来显示服务器响应。

```
// 上传文件的回调函数
function callback(msg)
{
  alert(msg);
  // 隐藏文件上传的对话框
  $('#uploadDiv').dialog('close');
  // 清空 title、file 两个表单域。
  $('#title,#file').val('');
  $('#hideframe').attr('src' , '');
}
```

在该 Servlet 处理上传成功后，可看到如图 7-5 所示的对话框。

如果单击图 7-5 中的“确定”按钮，系统将自动回到主页面，可看到刚添加的相片已经被列在左边的相片列表中了。单击任一相片标题，即可看到相片在右边显示出来。系统显示指定相片的效果如图 7-6 所示。

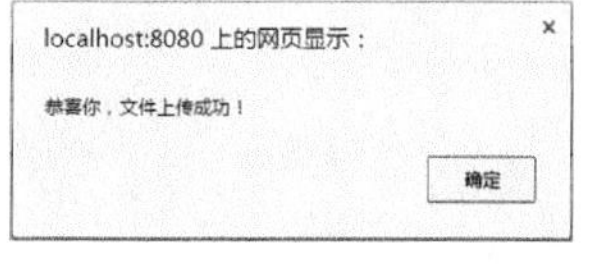

图 7-5　上传成功

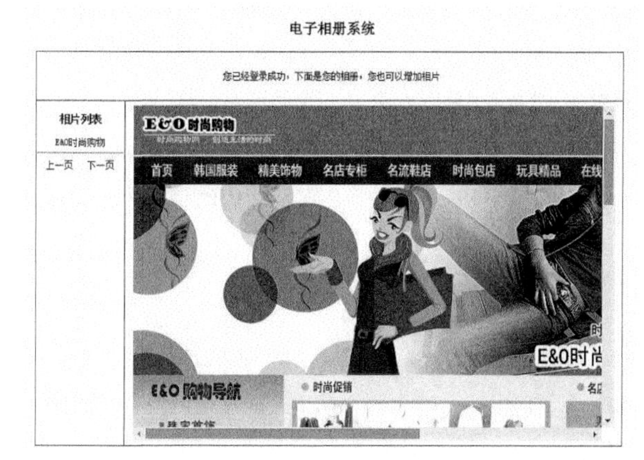

图 7-6　显示相片

7.3.6　页面加载时的处理

本系统将用户的浏览状态都保存在 HttpSession 中，而不是直接保存在客户端，这样就可以保证用户在刷新页面时不会丢失浏览状态。程序通过如下代码指定页面加载后的行为。

```
$(document).ready(function( )
{
  // 页面加载时向 pageLoad 发送请求
  $.getScript("pageLoad");
});
```

从上面的代码可以看出，当页面加载完成后，JavaScript 将会向 pageLoad Servlet 发送异步 GET 请求，并让服务器响应的 JavaScript 脚本直接更新当前页面。下面是 pageLoad Servlet 的代码。

```
public class PageLoadServlet extends BaseServlet
{
  public void service(HttpServletRequest request
     , HttpServletResponse response)throws IOException,ServletException
  {
     response.setContentType("text/JavaScript;charset=gbk");
     // 获取输出流
     PrintWriter out = response.getWriter( );
     HttpSession session = request.getSession(true);
     String name = (String)session.getAttribute("curUser");
     // 如果 name 不为 null，表明用户已经登录
     if(name != null)
     {
        // 隐藏 ID 为 noLogin 的元素(用户登录面板)
        out.println("$('#noLogin').hide( )");
        // 隐藏 ID 为 hasLogin 的元素(用户控制面板)
        out.println("$('#hasLogin').show( )");
```

```
            // 调用获取相片列表的方法
            out.println("onLoadHandler( );");
            // 取出 HttpSession 中的 curImg 属性
            String curImg = (String)session.getAttribute("curImg");
            // 重新显示用户正在浏览的相片
            if(curImg != null)
            {
               out.println("$('#show').attr('src' , 'uploadfiles/"
                  + curImg + "');");
            }
        }
    }
}
```

从上面的代码中可以看出，该 Servlet 会读取 HttpSession 中的 curUser 和 curImg 两个属性。其中，curUser 用于标识当前用户是否已经登录——如果用户已经登录，系统将隐藏登录面板，显示用户控制面板；curImg 则用于记录用户正在浏览的相片，如果该属性存在，则系统将根据它来加载相片。

小　结

本章示范开发了一个简单的电子相册系统，系统中间层采用 Spring+Hibernate，其中 Hibernate 负责访问持久层数据，而 Spring 则负责管理容器中的数据源、SessionFactory、DAO 组件和业务逻辑组件等，以及各组件之间的依赖关系，Spring 的 AOP 机制还负责为业务逻辑组件提供事务控制。

本应用采用 jQuery 作为 Ajax 的支持。本章的系统中发送异步请求时都没有指定回调函数，而是让服务器响应生成 JavaScript 脚本来更新当前 HTML 页面。除此之外，还有一点需要指出：本应用将用户的浏览状态（当前用户名、正在浏览相册列表的哪页、正在浏览哪张相片）都保存在了 HttpSession 中，这样就可避免用户刷新页面后丢失之前的浏览状态。本应用中使用了 jQuery UI 对话框组件来创建页面对话框。

习　题

本相册系统还比较简陋，可以从以下几个方面来对其界面进行完善。

（1）增加相片管理功能，例如允许用户修改相片说明、删除相片。

（2）增加权限控制（可考虑使用使用 Filter 实现），只有登录用户才可添加相片、管理相片。

（3）增加相片分类，允许普通浏览者根据分类浏览其他用户的相片。

（4）增加相片评论功能，允许浏览者对指定相片发表评论。